Goran Schmidt

# Untersuchungen zur enzymatischen Modifizierung von Lignin

GRIN Verlag

**Bibliografische Information der Deutschen Nationalbibliothek:**

Die Deutsche Bibliothek verzeichnet diese Publikation in der Deutschen Nationalbibliografie; detaillierte bibliografische Daten sind im Internet über http://dnb.d-nb.de/ abrufbar.



**Impressum:**


Druck und Bindung: Books on Demand GmbH, Norderstedt Germany
ISBN: 978-3-656-37294-3

**Dieses Buch bei GRIN:**

http://www.grin.com/de/e-book/208233/untersuchungen-zur-enzymatischen-modifizierung-von-lignin

# Untersuchungen zur enzymatischen Modifizierung von Lignin

**Bachelor-Arbeit**

zur Erlangung des akademischen Grad
„Bachelor of Science“ Holzwirtschaft
im Fachbereich Biologie der Fakultät
Mathematik, Informatik und Naturwissenschaften
an der Universität Hansestadt Hamburg

vorgelegt von

**Goran Schmidt**

Hamburg
Januar 2011

# Vorwort

Die vorliegende Arbeit wurde am Zentrum Holzwirtschaft der Universität Hamburg im Institut für Holztechnologie und Holzbiologie des Johann-Heinrich-von-Thünen Instituts, Hamburg, in der Zeit von September 2010 bis Januar 2011 angefertigt.

Für Themenstellung, stete Diskussionsbereitschaft und für viele hilfreiche Ratschläge bedanke ich mich bei Prof. Dr. Bodo Saake und Dr. Jürgen Puls.

Mein besonderer Dank gilt Andreas Schreiber, der mir im praktischen Teil dieser Arbeit stets zur Seite stand und vor allem bei der Durchführung der Versuche eine große Hilfe war. Für die Unterstützung möchte ich mich auch bei allen Mitarbeitern des Instituts, insbesondere bei Sascha Lebioda, Christiane Riegert, Inge Stichweh, Bernhard Ziegler und Nicole Erasmy bedanken.

Über allem steht meine liebe Familie, der ich für die vielen Jahre der Unterstützung danken möchte. Ihr Rückhalt und ihre Förderung haben wesentlichen Anteil am Gelingen meines Studiums.

Universität Hamburg / Department Biologie
Zentrum Holzwirtschaft
Institut für Holztechnologie und Holzbiologie
Arbeitsbereich Chemische Holztechnologie
Leuschnerstraße 91
21031 Hamburg

Johann-Heinrich-von-Thünen Institut
Institut für Holztechnologie und Holzbiologie
Arbeitsbereich Chemische Holztechnologie
Leuschnerstraße 91
21031 Hamburg

**Abgabetag:** 10.02.2011
**Seitenzahl:** 57

# Inhaltsverzeichnis

# Abkürzungsverzeichnis

| | |
|---|---|
| ABTS | 2,2'-Azino-bis-(3-ethylthiazolin-6-sulfonsäure) |
| atro | absolut trocken |
| Bi | Birke (*Salix* spp.) |
| BMELV | Bundesministerium für Ernährung, Landwirtschaft und Verbraucherschutz |
| Bu | Buche (*Fagus sylvatica*) |
| DMSO | Dimethylsulfoxid |
| G | Guajacylbaustein |
| GPC | Gelpermeationschromatographie |
| H | *para*-Hydroxyphenylbaustein |
| HBT | 1-Hydroxybenzotriazol |
| *LCC* | *lignin-carbohydrat-complex* |
| LH | Laubholz |
| LM | Lösungsmittel |
| LMS | Laccase-Mediator-System |
| *M.* | *Myceliophtora* spp. |
| ML | Mittellamelle |
| m.R. | mit Rinde |
| $M_w$ | Molmassenmittel |
| N, C, H, O | Stick~, Kohlen~, Wasser~, Sauerstoff |
| NH | Nadelholz |
| o.E. | ohne Enzym |
| o. LM | ohne Lösungsmittel |
| o.R. | ohne Rinde |
| *p* | *para-* |
| Pa | Pappel (*Populus* spp.) |
| PDI | Polydispersitätindex ($M_w/M_n$) |
| RI | *refractive index* (Lichtbrechungsindex) |
| S | Syringylbaustein |
| *T.h.* | *Trametes hirsuta* |
| UV | Ultraviolett |
| ZW | Zellwand |

# Tabellenverzeichnis



# Abbildungsverzeichnis

# 1 Einleitung

Die Bereitstellung einer nachhaltigen Rohstoffbasis ist Grundvoraussetzung für das Funktionieren von industriellen Produktionsprozessen. Biogene Materialien sind als Grundlage nachhaltigen Wirtschaftens schon seit Jahrzehnten wichtig. Die Verarbeitung selbiger in Bioraffinerien ist ein junges, aber keineswegs neues Konzept. Die Entwicklung wird angesichts der Verknappung fossiler Rohstoffe intensiv vorangetrieben. In Deutschland hat das, BMELV-geförderte Verbundvorhaben "Lignocellulose-Bioraffinerie II" die Realisierung einer Pilotanlage der dritten Generation zum Ziel. In Projektträgerschaft der Fachagentur "Nachwachsende Rohstoffe" soll eine *scale-up*-fähige, integrierte Anlage für die chemisch-technische Nutzung von verholzter Biomasse entwickelt werden. Rohstoffe wie Buchen- und Pappelholz, insbesondere Restsortimente aus Forst- und Holzwirtschaft sollen als Rohstoffquelle dienlich sein. Ziel ist es Lignozellulose effektiv komponentenweise zu trennen und anschließend v.a. stofflich verwerten zu können. Technische Lignine sind aus ökonomischen Gesichtspunkten die Produktgruppe mit der stärksten Notwendigkeit zur Wertsteigerung. Derzeitige stoffliche Anwendungen decken einerseits Produktnischen (Bsp. Vanillin) oder Massensortimente (Bsp. Füllstoffe, Dispergiermittel) mit vergleichsweise geringer Wertschöpfung ab. In Bioraffinerien ist das in großen Mengen anfallende Nebenprodukt Lignin jedoch der entscheidende Schlüssel zu Wirtschaftlichkeit und einer positiven ökologischen Bilanz [PULS, 2007; WAGEMANN, 2010]. Aufgrund der guten Aufschlussresultate (Rindenanteil, Verzuckerung, Lignineigenschaften) ist das Organosolv-Verfahren vielversprechend für größere Maßstäbe. Die marginalen Kenntnisse enzymatischer Modifizierung von Organosolv-Ligninen machen daher weitere Untersuchungen notwendig. Im Rahmen der vorliegenden Arbeit wird der Effekt eines Laccase-Mediator-Systems auf Ligninsubstrate untersucht. Das Hauptaugenmerk wird Veränderungen, welche in Zusammenhang mit der Molekularmasse stehen könnten, beigemessen.

# 2 Allgemeiner Teil

## 2.1 Lignin

Lignin ist neben Zellulose das am meisten produzierte Polymer in der Natur. Der Begriff Lignin (lat. *lignum*) wird im Zusammenhang mit nativem Lignin und strukturell verändertem, technischem Lignin gleichermaßen benutzt. Ein durch Aufschluss modifiziertes Lignin ist hinsichtlich seiner Eigenschaften und Struktur stark verschieden zum Protolignin verholzender Gewächse. Pflanzenphysiologische Aufgaben übernehmen sie v.a. in Zellwand, Zwickel und Mittellamelle. Durch seine mechanische Druckfestigkeit sorgt es für die Stabilität in den Zellen (ZW), durch seine adhäsiven Eigenschaften für den Zusammenhalt (ML) und besitzt darüber hinaus Bedeutung bei Abwehrmechanismen gegen Pathogene.

Die meisten Pflanzen mit Höhenwachstum sind daher auf Lignin und seine Stützfunktion angewiesen. Phyllogenetisch jüngere Pflanzen (angiosperme LH ~63 Mio. Jahre) konnten andere Lignine entwickeln als ihre älteren Vorreiter (*Cycadales*, *Poales*, *Ginkgoales, Coniferales* >230 Mio. Jahre). LH enthält i.d.R. mehr Lignin als NH. Die Lignine der verholzenden Pflanzen unterscheiden sich i.A. hinsichtlich der Monomere aus denen sie sich zusammensetzen (Tab. 1). Die drei wichtigsten Phenylpropaneinheiten (H/G/S) sind im NH-, LH- und Monokotylen-Lignin charakteristisch verteilt [FAIX, 2003]. Deren monomeren Vorstufen, die *p*-Hydroxyzimtalkohole, werden durch den Shikimat-Stoffwechselweg bereitgestellt. Sinapylalkohol, *p*-Cumarylalkohol und

**Tab. 1.** Anteile an H/G/S Einheiten im Lignin der NH, LH und Gräser nach NIMZ [1988]

| [%] | *p*-Cumaryl-Einheit | Guajacyl-Einheit | Syringyl-Einheit | Ligninanteil |
|---|---|---|---|---|
| NH-Lignin | 10 | 88 | 2 | 20-24 |
| LH-Lignin | 4 | 53 | 43 | 27-33 |
| Gräser | 30 | 50 | 20 | - |

Coniferylalkohol werden anschließend enzymatisch oxidiert. Die hier zum Einsatz kommenden Ein-Elektronen-Transferasen sind verantwortlich für das Radikalisieren der Vorstufen zu mesomeren Phenoxyradikalen (Abb. 1). Die Vielfalt anzutreffender Bindungen (Tab. 2) im Ligninmakromolekül hängt mit dem radikalischen Charakter seiner Polymerisation zusammen. Einerseits führt die Ladungsdelokalisierung im Radikal zu einer großen Fülle an möglichen Bindungen, jedoch verursacht die stärkere Polarisierung am phenolischen Sauerstoff des Radikals die vermehrte Bildung der β-O-4, also Arylether-Bindungen. Die klassische Schule K. Freudenbergs geht vom Einfluss der

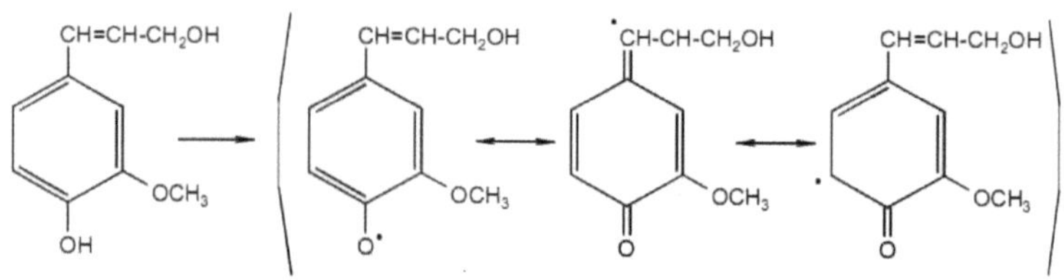


**Abb. 1:** Coniferylalkohol und seine mesomeren Phenoxyradikale

statistischen Polymerisation von pH-Wert, Ionenkonzentration und der Zuführgeschwindigkeit der monomeren Vorstufen aus. [FAIX, 2003]. So finden sich auch innerhalb einer Klasse von Ligninen sehr variable H/G/S Verteilungen.

**Tab. 2.** Auftreten der verschiedenen Bindungstypen im Fi-, Bi- und Bu-Lignin, nach SCHILD [1994]

| Bindungstyp | Bezeichnungen des Dimers | Fi-Lign. [%/$C_{900}$] | Bi-Lign. [%/$C_{900}$] | Bu-Lign. [%/$C_{900}$] |
|---|---|---|---|---|
| β-O-4 | Arylglycerol-β-Arylether | 48 | 60 | 65 |
| α-O-4 | N.-cycl. Benzylarylether | 6-8 | 6-8 | |
| β-1 | 1,2 Diarylpropan | 7 | 7 | 15 |
| β-5 | Phenylcoumaran | 9-12 | 6 | 6 |
| β-β | - | 2 | 3 | 7,5 |
| 5-5 | Biphenyl-Typ | 9,5-11 | 6,5 | 1,5 |
| α-β | - | 11 | - | 2,5 |
| 4-O-5 / 4-O-1 | Diphenylether | 3,5-4 | 6,5 | 1,5 |

Das GS-Lignin eines Laubholzes ist u.a. charakterisiert durch die Verteilung der Bindungstypen. Von größter, v.a. technologischer, Bedeutung sind die Arylether-Bindungen. In der Buche machen Sie einen Anteil von bis zu 70 % aus. Durch die kontrollierte Spaltung einer β-O-4 Bindung ist NIMZ [1974] ein schematischer Entwurf (Abb. 2.) des Lignins eines LH (Bu) gelungen. Dieser hat, bis auf kleine Veränderungen, noch bis heute Gültigkeit.

Im Zuge der, zumeist auf die Gewinnung von Zellulose ausgelegten, Delignifizierung sollen (v.a. Aryl-Ether) Bindungen im Lignin (Tab. 2) gespalten und dabei eine Kondensation in Form von C-C Bindungen vermieden werden. Die dabei erzeugten technischen Lignine gelten als Nebenprodukt, schlagen sich jedoch in beträchtlichen Mengen nieder.

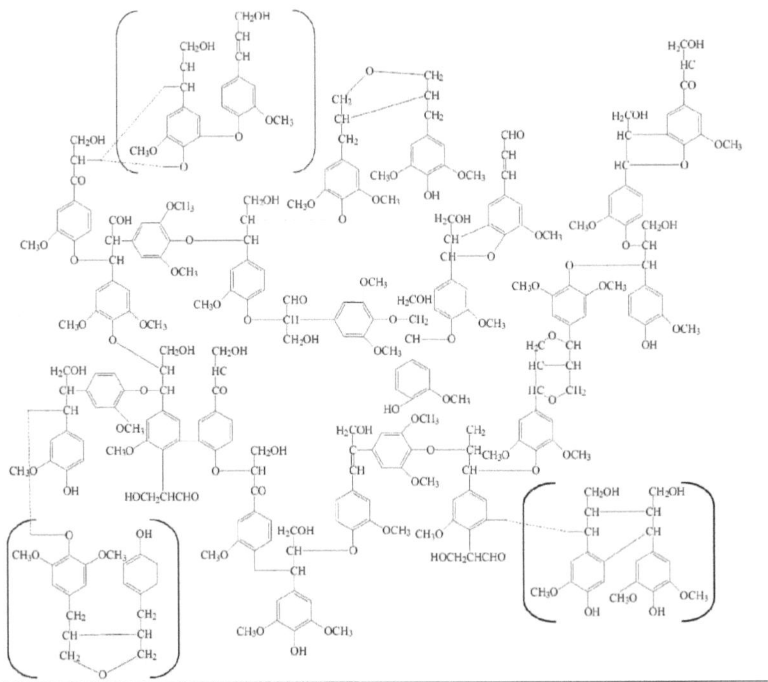

**Abb. 2:** Ausschnitt aus dem Konstitutionsschema eines Buchenlignins nach NIMZ [1974]

## 2.2 Technische Lignine

Jedes Jahr fallen weltweit über $5*10^6$ t Lignin als Nebenprodukt bei der Zellstoffherstellung an. Der weitaus größte Teil dieses technischen Lignins wird in Energie umgewandelt, also bei der Chemikalienrückgewinnung verbrannt. Lediglich ca. 2% der Gesamtmenge werden einer nicht-kalorischen Nutzung zugeführt. So kommt es, dass der Faktor Energie für die meisten Großbetriebe zu einer wichtigen Gewinnquelle geworden ist. Ein Grund dafür ist die nach wie vor mangelhafte Wertschöpfung der stofflichen Verwendung.

Kommerzielle Lignine, d.h. heute vorwiegend schwefelhaltige Lignine. Die wichtigsten dieser Gruppe sind die Lignosulfonate, also Ligninderivate aus den verschiedenen Sulfitaufschluss-Verfahren. Ein enormes Marktaufkommen ($\sim 1*10^6$. t/a) [PULS, 2007] und der geringe Preis führen zum Einsatz in verschiedenen Massensortimenten (Dispergiermittel, Füllstoffe, Phenolharze).

Um aus technischen Ligninen eine Grundlage für höherveredelte Produkte zu schaffen sind einige elementaren Aspekte zu berücksichtigen. Konstante chemisch-physikalische Eigenschaften, schiere Verfügbarkeit zu einem günstigen Preis und Homogenität der gelieferten Lignine sind wünschenswert. Für eine Weiterveredelung auf chemischem Weg ist ein hohes Maß an Lösbarkeit und Reaktivität begünstigend. Eine hohe Zahl an aliphatischen Hydroxylgruppen ist gewollt und erleichtert im Modifizierungsprozess die Funktionalisierung von technischen Ligninen. Lignosulfonate haben nur eine geringe Zahl an OH-Funktionen, bieten also wenige Angriffsstellen für chemische Veredelung. Kraft-Lignine besitzen ebenfalls, bedingt durch den Aufschluss, eine relativ geringe Funktionalität, werden zudem oftmals sogar nachsulfoniert. Im Gegensatz zu den Lignosulfonaten besitzen Kraflignine allerdings mehr phenolische Gruppen, was sie attraktiver für den Einsatz in Phenolharzen macht. Gemeinsam haben beide die Schwefelhaltigkeit, was neben ökologischen Aspekten auch eine schwierige Reaktionsführung mit sich bringt NITZ [2001].

Eine andere große Gruppe bilden Lignine aus den Organosolv-Verfahren. Großtechnische Verfahren mit Organosolv-Delignifizierung sind jedoch zum aktuellen Zeitpunkt nicht realisiert. Technische Lignine die aus Kochungen mit organischen Lösungsmitteln stammen, sind laut NITZ [2001] gut geeignet für weitere Veredelungsschritte (z.B. in Thermoplasten). Dieser empfiehlt, im Widerspruch zu FAIX et al [1984], einen Verzicht auf Laubhölzer als Rohstoff, da diese im S-Baustein durch ortho-Methoxyl-Funktionen eine Phenolgruppierung verhindern. Mit Hinblick auf die Zielstellung ein möglichst reines Lignin in hoher Ausbeute zu erhalten, wird NH aber als wirtschaftlich ungeeignet eingeschätzt. Die Gründe dafür sind v.a. die ungünstige Vernetzung durch eben diese zahlreichen Methoxyl-Gruppen im NH-Lignin [FAIX et al, 1984]. Außerdem erschwert das Auftreten zwei verschiedener Hemicellulosen-Fraktionen (Hexosen u. Pentosen) im NH die chemische Verarbeitung. Das ist im LH nicht der Fall (Xylan) [PULS, 2007].

Die Arbeit von KLEINERT [1976] über die Delignifizierung mit Ethanol/Wasser lieferte Erkenntnisse über günstiges $C_2H_5OH/H_2O$-Verhältnis, Flottenzusammensetzung und Temperaturoptimum[1]. Auf dieser Basis führte MENDE [2009] Versuche mit Buchenholzhackschnitzeln m./o.R.durch. Anhand dessen konnten Vorteile des Organosolv-Aufschlusses mithilfe katalytischer Mengen von $H_2SO_4$ um die Toleranz gegenüber Rinde erweitert werden. In Tabelle 3 sind wichtige Kenndaten der technischen Lignine aus Sulfit-, Kraft- und dem schwefelfreien Verfahren aufgelistet. Daraus geht hervor, dass Organosolv-Lignine neben ihrer Reinheit (schwefelfrei u. niedriger Aschegehalt) eine hohe Funktionalität aufweisen, also zahlreiche OH-Gruppen besitzen. Die Molmassen liegen jedoch weit unter denen von Lignosulfonaten.

1 $C_2H_5OH./H_2O$-Verhältnis 50/50; Flotte 1:4; $T_{opt}$=185°C

**Tab. 3.** Einige Eigenschaften von techn. Ligninen aus vier Aufschlussverfahren nach (1) NITZ [2001] und (2) PULS [2007]

| | | Schwefelhaltige Lignine | | Schwefelfreie Lignine | |
|---|---|---|---|---|---|
| | Ref. | Sulfit | Sulfat | Soda-AQ | Organosolv |
| Anteil an der Gesamtzellstoff produktion [%] | (2) | 6 | 85 | 9 | 0 |
| Schwefelgehalt [%] | (1) | 5 - 9 | 2 - 3 | 0 | 0 |
| | (2) | 1,25 - 2,5 | 1 - 2,5 | 0 | 0 |
| Gesamt OH- [%] | (1) | 2 - 4 | 4 - 6 | 4-6 | 4-6 |
| Phenol. OH | (2) | Wenige | Viele | Wenige | Viele |
| Molekulargewicht [$g*mol^{-1}$] | (1) | >10.000 | 20.000 - 40.000 | 800-1200 | 800-1200 |
| | (2) | 2.000-3.000 | 20.000-50.000 | 5.000-6.000 | 2.000-5.000 |
| Polydispersität [-] | (1) | ~10 | ~10 | ~3 | ~3 |
| | (2) | 6 - 8 | 2 - 3 | 9 - 10 | 2,4 - 6,3 |
| Lösungsmittel | (2) | $H_2O$, keine org. LM | Alkali, Org. LM | Alkali | Alkali, Org. LM |

## 2.3 Biokatalytische Modifizierung mit Enzymen

Von einer detaillierten Exkursion in die Enzymatik soll hier abgesehen werden, so stehen zahlreiche Lehrwerke aus verschiedenen Disziplinen in großer Zahl zur Verfügung [RÖMPP, 1995; MYRBÄCK, 1953; EULER, 1925].

Enzyme sind wichtige funktionelle Proteine und biologisch-chemische Katalysatoren. Sie nehmen an einer Vielzahl von Stoffwechselprozessen teil (Abb. 3) und besitzen analoge Eigenschaften wie klassische, chemische Katalysatoren: So setzen sie die Aktivierungsenergie für eine Reaktion herab indem die auftretende freie Enthalpie gesenkt wird. Gleichzeitig werden sie in der eigentlichen Reaktion nicht selber umgesetzt, sondern katalysieren lediglich deren Zustandekommen [RÖMPP, 1999].

Seit geraumer Zeit werden Enzyme als nützliches Werkzeug in biotechnologisch-industriellen Prozessen eingesetzt. Ein Vorteil gegenüber klassischen, chemischen Katalysatoren ist der große Reaktionsdurchsatz und die hohe Reaktionsspezialisierung welche durch die sterische Anordnung an ihren aktiven Zentren zu erklären ist. Auf diesem Wege können ungewollte Nebenprodukte größtenteils ausgeschlossen werden. Ein Aspekt von bedeutender ökonomischer Relevanz ist das Ablaufen der katalysierten Reaktionen in relativ sanften Milieus (pH, Temperatur, Druck). Dies bringt in großtechnischen Prozessen immense energetische und damit wirtschaftliche Einsparungen mit sich [FESTEL et al, 2004].

### 2.3.1 Laccase und seine biologischen Funktionen

Ein Enzym was in diesem Zusammenhang immer mehr an Bedeutung gewonnen hat ist Laccase. Im Gegensatz zu anderen Phenoloxidasen, ist lediglich Sauerstoff zu ihrem Funktionieren notwendig. Laccase, eine *p*-diphenol:$O_2$-Oxidoreduktase (EC 1.10.3.2), wurde erstmals in Studien über die ungewöhnlich rasche Verhärtung des Wundsaftes des asiatischen Lackbaumes (*Rhus* spp.) durch YOSHIDA [1883] erwähnt. Die spätere Isolierung und Quantifizierung des Enzyms aus dem Splintholz von *Rhus* spp. [BERTRAND, 1894] ist der Beginn vieler Forschungen zur Laccase. Gemeinsam mit Ascorbatoxidase und Cäruloplasmin (ein plasmatisches Protein der Säugetiere) gehört Laccase der Gruppe der sogenannten blauen Kupferproteine an [REINHAMMAR und MALSTRÖM, 1981].

Laccasen sind in vielen Organismen anzutreffen und nehmen unterschiedliche Rollen in deren biochemischen Prozessen ein (Abb. 3). So findet man sie in Pflanzen und Pilzen (z.B. *Trametes* spp.) [MAYER, 1987], Bakterien wie *Myceliophtora* spp. [GIVAUDAN et al, 1993], und sogar in Insekten [SIDIJANSKY, 1997].

Trotz der schieren Diversität innerhalb dieser Gruppe von Enzymen, ist relativ wenig bekannt über die vielfältigen biologischen Funktionen. Im Pflanzenreich sind Laccasen an der Ligninbiosynthese beteiligt, bei Insekten an der Chitinbiosynthese. Über die Funktion der bakteriellen Laccase ist relativ wenig bekannt, vermutlich spielen sie eine Rolle bei der Verkapselung von Fremdkörpern.

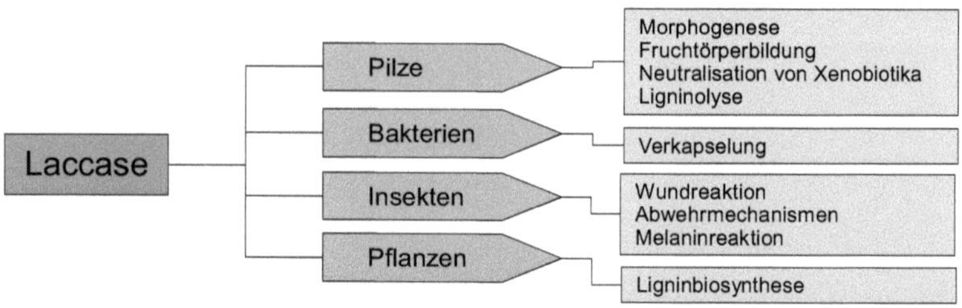


**Abb. 3:** Mögliche Funktionen der verschiedenen Laccasen in Organismen, in Anlehnung an RANOCHA et al [2000]

Im Stoffwechsel von Pilzen, v.a. *Ascomyceten*, *Deuteromyceten* und *Basidiomyceten*, nehmen sie Funktionen bei Morphogenese und Ligninolyse wahr [RANOCHA et al, 2000]. Verschiedene Weißfäule-Pilze sind wegen ihrer Fähigkeit Lignin katalytisch abzubauen bekannt. Die direkte Beteiligung extracellulärer Laccase an der Lignindegradierung ist jedoch nicht abschließend geklärt. [THURSTON, 1994]. Kenntnisse über eine Korrelation der Ligninzersetzungsrate mit der Enzymproduktion bzw. deren exokrinen Aktivität deuten aber auf einen noch nicht verstandenen Zusammenhang hin [YOUNG et al, 2001].

### 2.3.2 Anwendungen von Laccase und LMS

Neben den vielen, teilweise ungeklärten biologischen Wirkungszusammenhängen treten pilzliche Laccasen in verschiedenen technologischen Anwendungen in Erscheinung. Eine Übersicht über biologische und technologische Aufgaben der Laccase geben MAYER & STAPLES [2002]. Dabei steht im Vordergrund, dass die substratspezifisch katalysierende Aktivität der Laccase ausreicht um eine große Anzahl an Folgereaktionen nutzen zu können. Daher ist das Enzym für eine große Anzahl von biotechnologischen Anwendungen geeignet, wie z.B. dem enzymatischen Klären von Frucht- und Weinmosten (Phenolkomplexierung) [SERVILI et al., 2000], dem Deinking von Altpapier [HAGER, 2001], für die Bleiche in der Textilindustrie[2] [CAMPOS et al, 2001] und in sogenannten Bio-Sensoren [GHINDILIS et al., 2000]. Genetisch modifizierte Laccasen (erhöhte Inhibierungstoleranz) können außerdem für die Ethanolproduktion nützlich sein [MEYER & STAPLES, 2002]. In der HWS-Industrie wird die Anwendung von Laccase zur enzymatischen Aktivierung von Holzfasern seit Mitte der 90'er Jahre untersucht. Ergebnisse zeigten, dass nach Festbett-Fermentation von Hackschnitzeln, die mechanischen Festigkeiten von daraus produzierten MDF-Platten erhöht werden konnten. Dafür wurde Material mit Laccase aus Weiß-/Braunfäulekulturen inkubiert und anschließend mit geringen Mengen UF, PF und PDI ausgepresst. Problematisch in diesem Zusammenhang sind die ungünstigen hygroskopischen Eigenschaften (Quellen/Schwinden) der Werkstoffe [HÜTTERMANN et al, 2001].

Ein für die Papierwirtschaft wichtiges Anwendungsfeld ist die Zellstoffbleiche. THURSTON [1994] gibt als typische Substrate der Laccase Polyphenole, methoxysubstituierte Phenole, Diamine und eine Reihe anderer an. Er vermutet jedoch das Substratspektrum sei, untypischerweise für ein Enzym, breiter als bekannt. Da die Wirkung von Laccasen im Zusammenhang mit Delignifizierung von Zellstoffen anfangs nur wenig befriedigende Ergebnisse zeigte wurde versucht das Substratspektrum des Enzyms zu erweitern. Erkenntnisse von BOURBONNAIS et al [1990], zur mediativen Funktion von niedermolekularen Substanzen wie ABTS, zogen eine Reihe von weiterführenden Experimenten nach sich [BOURBONNAIS, 1995]. Demnach konnte die Kombination aus Mediator und Laccase auch an nicht-phenolischen (Etherbindung) Bindungen, also dem weitaus größeren Teil im Lignin (vgl. 2.1

2 Durch Behandlung mit Cellulasen (*"stonewash-Jeans"*) und Laccasen (Indigo-Entfärbung) können Textilien umweltfreundlicher produziert werden.

Tab. 2), oxidativ wirken. Das technologische Laccase-Mediator-System (LMS) war entdeckt worden.

Das LMS ist eine funktionelle Redoxeinheit, in der niedermolekulare Verbindungen die Rolle eines Mediators, also eines Elektronen"*shuttles*", einnehmen. Eine vereinfachte Darstellung dieser Redoxkaskade zeigt Abb. 4. Eine umfangreiche Arbeit von MÜCKE & CALL [1997] beschreibt umfangreicher welche lignolytischen Prozesse im LMS ablaufen könnten. BOURBONNAIS et al [1997], POTTHAST et al [2001], HUI-LING et al [2009] und ARESKOGH et al [2010] zeigten dass Laccase aus *Trametes*-Stämmen verschiedene Lignin-Modell-Substanzen[3] erfolgreich oxidieren und verknüpfen kann. Ähnliche Experimente haben UCHIDA et al [2001] mit Bisphenol(A) als Substrat, jedoch ohne Mediator, erfolgreich durchgeführt. Die *T. versicolor*-Laccase wirkte polymerisierend und spaltend zur gleichen Zeit, was sich in Erhöhung und Verkleinerung des Molekulargewichtes niederschlug. Auch POTTHAST et al [2001] konnten nachweisen, dass polymerisierende und depolymerisierende

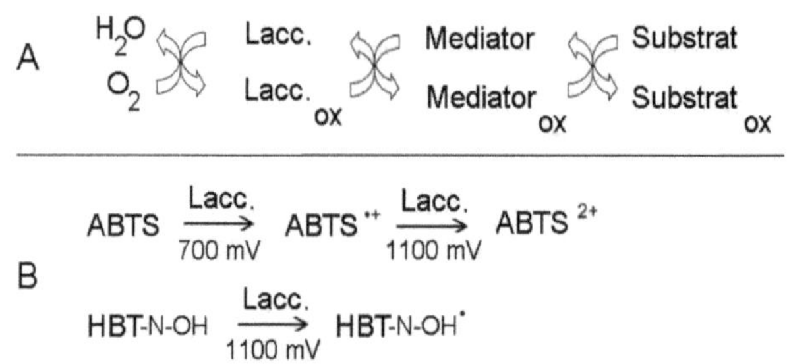


**Abb. 4:** Oxidation unüblicher Substrate mithilfe von Mediatoren in einer Redoxkaskade **(A)** und Redoxpotentiale der Mediatorenoxidation durch Laccase **(B)**; geändert nach KUNAMNENI et al [2008]

Effekte im LMS gleichermaßen auftreten können. Die Wahl des richtigen Mediators und der entsprechenden Reaktionsbedingungen (pH-Wert, Temperatur, Zeit, Substratkonzentration, etc.) sind entscheidend für das Erzielen des gewünschten Effektes.

3 phenolische Mono-/Di-/Oligomere werden in der Lit. als *lignin model compounds* bezeichnet

### 2.3.3 Mediatoren

Mediatoren (lat. *mediator:* Mittler) können kleine Moleküle sein die als Elektronen-Vermittler zwischen Substrat und oxidativem Enzym wirken. So können Substrate die sterisch nicht mit den aktiven Zentren des Enzyms kompatibel sind, oder aufgrund des Reaktionsmechanismus von der Enzymaktivität ausgeschlossen bleiben, oxidiert werden [FABBRINI et al, 2002]. Im folgenden wird knapp auf die experimentell relevanten Mediatoren eingegangen. Abbildung 5 zeigt neben ABTS und HBT weitere, teils aus Lignin isolierte, natürliche Mediatoren.

**HBT** (1-Hydroxy-Benzotriazol) ist ein weißes Pulver das in Wasser schwer löslich ist, aber mit organischen LM gelöst werden kann. In aerober Umgebung wird mithilfe des LMS das Benzotriazolyloxid-Radikal gebildet [HAGER, 2001]. Dieses soll im Rahmen der Redoxkaskade die Rolle der aktiven Agens gegenüber dem Substrat einnehmen [BOURBONNAIS, 1990].

Die inhibierende Wirkung von HBT auf *Trametes*-Laccasen sind von BOURBONNAIS et al [1997] untersucht worden. Sie kommen zu dem Ergebnis, dass HBT das Enzym teilweise deaktiviert und eventuell eine erhöhte Laccase-Dosis dies kompensieren kann.

**ABTS** (2,2'-Azino-di-(3-ethylbenzthiazolin)-6-sulfonsäure) ist ein spezieller Redoxindikator, der hauptsächlich zur Glucosebestimmung und auch

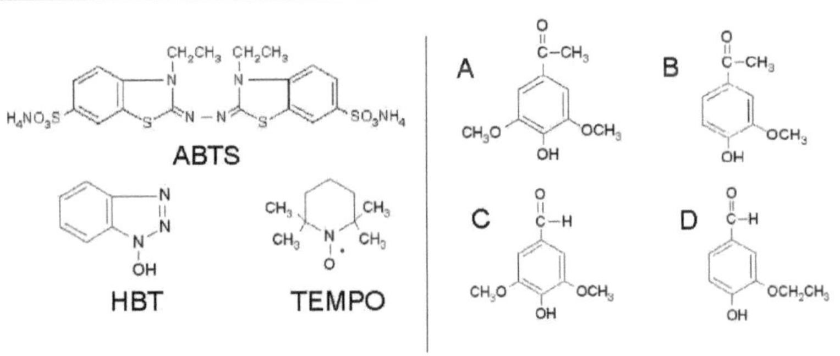


**Abb. 5:** Chem. Struktur einiger repräsentativer, künstlicher (ABTS, HBT, TEMPO) und natürlicher Mediatoren (Acetosyringon **(A)**, Acetovanillon **(B)**, Syringaldehyd **(C)**, Vanillin **(D)**), verändert nach KUNAMNENI et al [2008]

zur Aktivitätsbestimmung von Enzymen verwendet wird. Die freie Säure, eine Verbindung aus der Stoffklasse der 2,2'- Azine kann leicht homolytisch in stabile Radikale gespalten werden, bietet sich deshalb als Elektronen"*shuttle*" an [HAGER, 2001]. ABTS ist in verschiedenen Arbeiten im Zusammenhang mit dem LMS in Erscheinung getreten. Erstmals setzten BOURBONNAIS et al [1990] den Mediator als künstliches Laccasesubstrat ein. Laut BOURBONNAIS et al [1997] ist ABTS nur geringfügig besser für die Zellstoffbleiche geeignet als HBT. Aus Sauerstoffmessungen der gleichen Studie geht hervor, dass LMS aus *T. versicolor* und HBT nur etwa 1% des $O_2$-Konsums aufweisen als solche mit ABTS. Dies ist indirekt auch als Indiz einer höheren Laccase-Tätigkeit zu verstehen [POTTHAST et al, 2001]. Die bei der Zellstoffbleiche auftretende , problematische Grünverfärbung [HAGER, 2001] durch ABTS ist für die Ligninbehandlung nicht von Bedeutung.

FABBRINI et al [2002] konnten mit verschieden konfigurierten LMS und 4-Methoxybenzyl-Alkohol als Substrat feststellen, dass HBT die stärkeren oxidativen Fähigkeiten aufweist. Außerdem haben pH-Wert und $O_2$-Konzentration einen starken Einfluss auf die Tätigkeit des LMS (Tab. 4).

**Tab. 4:** Ausbeuten aus Oxidationsreaktion von LMS mit 3-Methoxybenzyl-Alkohol, nach FABBRINI et al [2002]

| Mediator | pH | $O_2$ | Ausbeute [%] |
|---|---|---|---|
| ABTS | 5 | $O_2$ | 22 |
| ABTS | 3,5 | $O_2$ | 51 |
| ABTS | 5 | Luft | 18 |
| HBT | 5 | $O_2$ | 76 |
| HBT | 3,5 | $O_2$ | 95 |
| HBT | 5 | Luft | 70 |

### 2.3.4 Reaktionsmechanismen

Diese starken Unterschiede rühren vermutlich von deren Reaktionsmechanismen her. ABTS radikalisiert auf einem Elektronentransfer-Weg (A), während HBT den Effekt durch Protonenaufnahme (B) erreicht. Beide möglichen Reaktionsmechanismen zeigt Abbildung 6. Die wichtigsten Oxidationswege von phenolischen Komponenten (phenolische OH ist nicht durch Methoxy-Gruppe blockiert) durch Laccase (C) sind zum Vergleich mit dargestellt.

Trotz der guten Eignung der Laccasen zur Ligninmodifikation (Temperaturbeständigkeit, niedrige Substratspezifität, hohe Oxidationsraten), ist das Ablaufen der gewollten Reaktionen nicht garantiert. Die in diesem Zusammenhang relevante Eigenschaft ist deren Redoxpotential. Dieses kann je nach biologischer Herkunft (vgl. Abb 4) zwischen 430mV (pflanzl. Lacc. *Rhus* spp.) und 780mV (pilzl. Lacc. *T. versicolor*) variieren. Um auch Komponenten mit blockierter phenolischer Hydroxylgruppe (vgl. Abb. 6 A u. B) oxidieren zu können, ist die Anwesenheit eines Radikals in Form des Mediators notwendig. Neben der räumlichen Abschirmung des Lignins (Enzyme sind Makromoleküle) ist also auch das Redoxpotential der besetzten phenolischen OH-Gruppe zu hoch für rein enzymatische Oxidation [CRESTINI et al, 2010].

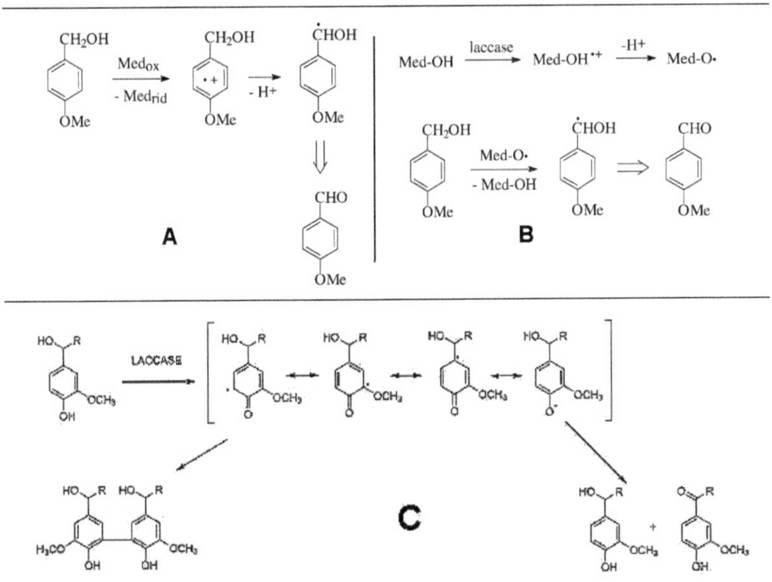


**Abb. 6:** Mögliche Mechanismen des Entstehens von Phenoxyradikalen durch: **(A)** Elektronentransfer und **(B)** Protonenaufnahme [FABBRINI et al, 2002]; Oxidationswege phenolischer Komponente durch Laccase **(C)** [CRESTINI et al, 2010]

# 3 Experimenteller Teil

## 3.1 Materialien

### 3.1.1 Substrat

Das verwendete, ligninhaltige Ausgangsmaterial stammt aus der Organosolv-Kochung 137 die im Technikum der holzchemischen Abteilung des vTI im August 2010 durchgeführt wurde. Das dafür in Form von Hackschnitzeln benutzte Buchenholz wurde von der Lenzing AG bereitgestellt. Die wichtigsten Kochparameter sind in Tab 2. dargestellt.

**Tab. 5:** Parameter der Organosolv-Kochung 137

| | Kochzeit | Temperatur | $H_2SO_4$ | Flotte |
|---|---|---|---|---|
| Bu137 | 90 min | 170 °C | 0,9 % | 1:4 |

Die nach der Kochung abgeführte Charge[4] wurde anschließend im Tiefkühlraum des vTI gelagert. Vor der Prozessierung im Reaktor wurde die Substratlösung mit einer 1M NaOH-Lösung auf pH = 4 eingestellt.

### 3.1.2 Enzyme

Die pilzliche Laccase vom Basidiomyceten *Trametes hirsuta* sowie die von *Myceliophtora thermophila* (Bakterium) wurden von Novozymes Deutschland bereitgestellt. Um ein Unterbrechen der Kühlkette zu vermeiden wurde nach Lieferung die Charge in Eppendorf-Röhrchen von 1,0 ml aufgeteilt und tiefgefroren aufbewahrt. Der Grad der Aktivität der verwendeten Enzyme konnte aufgrund des Umfangs der Arbeit nicht noch einmal überprüft werden. Er wird mit 1000 $U*g^{-1}$ angenommen (Angabe Novo Nordisk).

4 Faserstoff-Lignin und Vorfällungs-Lignin sind bereits abgetrennt und nicht Teil der abgeführten Charge

### 3.1.3 Mediatoren

Als Mediatoren wurden 1-Hydroxy-Benzotriazol (HBT) und 2,2'-Azino-di-(3-ethylbenzthiazolin)-6-sulfonsäure (ABTS) eingesetzt. HBT wurde von Fluke bezogen und mit 96%-igem, vergälltem Ethanol in Lösung (c=0,05 %) gebracht. ABTS stammt von Sigma-Aldrich und wurde in einem 50%-igen Ethanol-Wasser-Gemisch (1:1) in das Reaktormedium eingetropft.

### 3.1.4 Sonstige Chemikalien

Als Lösungsmittel diente, wenn nicht anders angegeben, Ethanol (vergällt mit 1% Petrolether). Das Verhältnis der Ethanol / Wassermischungen wurde nach der Kochung nicht weiter korrigiert und wird mit knapp 50 % angenommen. Benutzte Pufferchemikalien waren Natriumhydrogenphosphat und Citronensäure-1-Hydrat. Beide Chemikalien stammten von Riedel de Häen, Hannover.

## 3.2 Methoden

### 3.2.1 Behandlung mit LMS

Die Substratlösung wurde in den vorgewärmten Reaktorbehälter eingefüllt und wurde während ca. 5 min auf Temperatur gebracht. Während dessen wurden Durchfluss von Mediatorlösung, Gasvolumenstrom und Rührer-Drehzahl geprüft und gegebenenfalls korrigiert. Als Zeitpunkt des Reaktionsbeginns wurde das Einbringen der Laccase in den Reaktor angenommen.

Für die Realisierung einer kleinen Zeitreihe sind Behandlungen während 3h, 6h und 15h durchgeführt worden. Nach Ablauf der Zeit wurde das enzymatisch behandelte Lignin ausgewogen, das Volumen bestimmt und rasch in 500 ml kühlem Wasser eingeleitet um die Fällung herbeizuführen. Die Probe ist dann im Kühlschrank gelagert und so weiter gekühlt worden. Im Anschluss wurde eine Fraktionierung über einem Blaubandfilter durchgeführt. Das gefällte Lignin wurde mit destilliertem Wasser gespült um Zuckeranteile in der Probe zu dezimieren. Das abgeführte Filtrat ist im Kühlraum des vTI für weiterführende Analytik gelagert. Die Fällprobe wurde samt Filter zum Vortrocknen für ~8h bei 35°C in einen F/A-Trockner gegeben. Um für die Analytik möglichst eine atro Probe zu erhalten wurde übernacht im Vakuumtrockner bei ca. 35 mbar und 45 °C weiter getrocknet. Die trockene Probe wurde anschließend gewogen und die Ausbeute bestimmt. Ein Versuch (12) wurde in Abwesenheit des Lösungsmittel (Ethanol) durchgeführt. Dafür wurde von der originalen Substratprobe unbehandeltes Lignin ausgefällt, getrocknet und anschließend in einem pH-Puffer als Suspension in den Reaktor gebracht. Auf die Berechnung der Ausbeute wurde in diesem Fall verzichtet. Der gesamte Ablauf ist in Abbildung 7 schematisch zusammengefasst.

Der verwendete *semi-batch* Kugelreaktor (Abb. 8) besteht aus Pyrex-Glas und fasst ein maximales Nettovolumen von 1000ml. Der

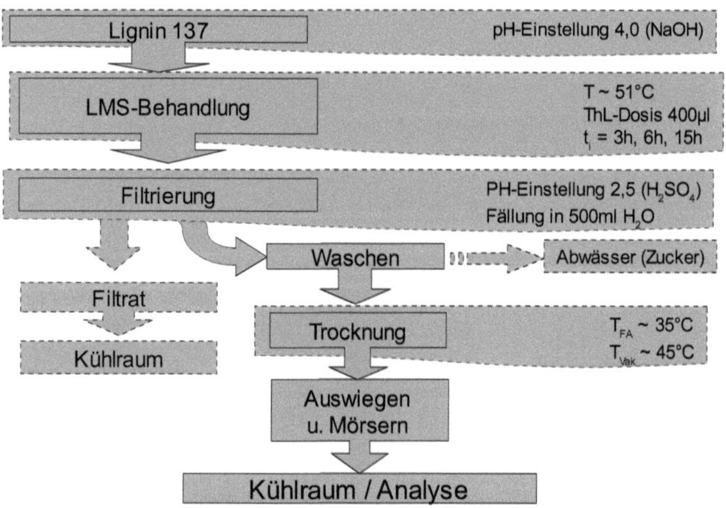


**Abb. 7:** Fließschema des Ablaufs der Substratbehandlung

Reaktorinnenraum ist durch die wassergefüllte Doppelverglasung und dem externen Thermostat gleichmäßig beheizbar. Ein drehzahlregelbarer Rührer (M) hält die Reaktormedien in Bewegung. Eine Durchflussregelung (G) liefert Pressluft (bzw. $O_2$) an die Gassonde im Reaktorinneren. Durch eine Schlauchpumpe (P) wird der Mediator kontrolliert eingeleitet. Eine zweistufige Rückkühlung soll dem Verlorengehen des Lösungsmittels (Ethanol) und dem damit verbundenen Vorausfällen vorbeugen. Die wichtigsten Einstellungen der Apparatur und Reaktionsbedingungen sind in Tabelle 6 gezeigt.

**Tab. 6:** Parameter an Substrat und Reaktorperipherie

| pH | Temperatur | $V_{Mediator}$ | $V_{Gas}$ | $n_{Rührer}$ |
|---|---|---|---|---|
| 4,0 | 50 - 52 °C | ~ 0,2 ml*min$^{-1}$ | ~ 3 l*min$^{-1}$ | 200 min$^{-1}$ |

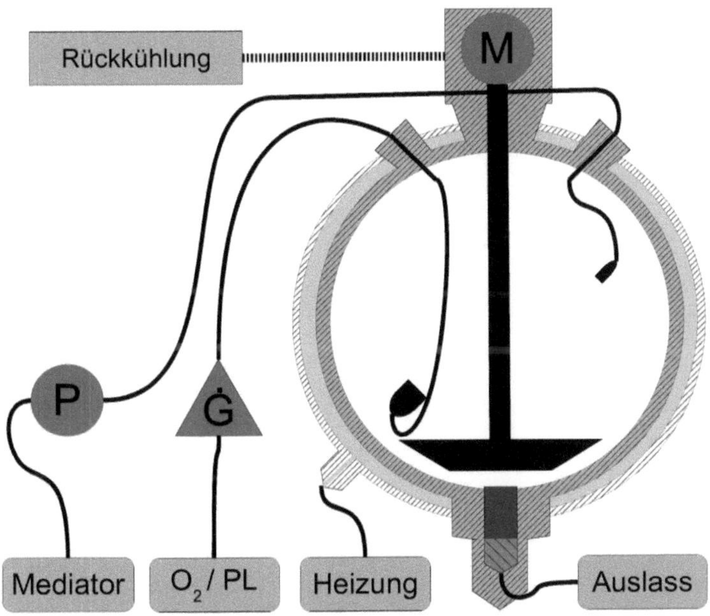


**Abb. 8:** Schematischer Aufbau des Versuchsreaktors

### 3.2.2 Größenausschlusschromatographie

Zur Bestimmung von Molmassenverteilung und Molekulargewicht kam in dieser Arbeit Gelpermeationschromatographie[5] zum Einsatz. Die Funktionsweise dieser Analysemethode ist von zahlreichen Autoren detailliert beschrieben [DUBLIN, 1988; GELLERSTEDT et al, 1992; GIDDINGS, 1994].

Die Anwendung dieser Methode auf Biolpolymere, wie Ligninen, ist mit besonderen Schwierigkeiten verbunden. SAAKE et al [2001] führten Untersuchungen an Hemizellulosen durch, welche beträchtliche Ligningehalte aufwiesen. Dabei hat sich die Kombination aus DMSO und Wasser als Lösungsmittel als vielversprechend erwiesen. Laut RINGENA et al [2006] ist diese Methode für die GPC-Analytik technischer Lignine, welche mit Hemizellulosen verunreinigt sind, gut geeignet. Der systematische Fehler der Molmassenbestimmung (unterhalb von 20.000 $g*mol^{-1}$) wird als gering eingeschätzt [RINGENA et al, 2006].

Durchgeführt wurde die GPC mit einem Mehrfachdetektorsystem, bestehend aus Degasser (DG-4400, Phenomenex), Autosampler (Spectra System AS3000), Pumpe (Smartline 1000, Knauer), Säulenofen (Croco-Cil, CM), UV-Detektor (LC 1200 UV-Vis, Polymer Laboratories), Refraktions-Index-Detektor (RI-71, Shodex), Viskosimetrischer Detektor (H502 b, Viscotek), Zwei-Winkel-Lichtstreuungs-Detektor (Brookhaven Instruments Corporation, BI-MwA), gekoppelt an das Analyseprogramm WINGPC Unity (PSS GPC Unity Build 5403). Dafür sind die Proben in DMSO:H2O (9:1)[6] in Lösung ($C_{uv}$=1 % bzw. $C_{RI}$=10 %) gebracht und bei Raumtemperatur mit Membranen aus Regenerat-Zellulose (Porengröße 0,45 µm) gefiltert. Anschließend wurden Teilproben zu je 100µl in die GPC-Anlage injiziert. Für die sterische Trennung der Moleküle wurden diese durch zwei *Polargel-M-* (300x7,5mm) und eine *Guard-* (50x7,5mm) Trennsäule geführt. Die Flussrate betrug 0,4 $ml*min^{-1}$ bei

5 Oft wird von Größenausschlusschromatographie, Größenfiltrationschromatographie, sterischer Ausschlusschromatographie (engl. *steric exclusion chromatography* (SEC)) und Gelpermeationschromatographie (GPC) gleichrangig gesprochen, da alle Bezeichnungen auf derselben physikalischen Trennungsgrundlage, dem hydrodynamischen Volumen, aufbauen.

6 zusammen mit 0,05N LiBr

einer Temperatur von T=60°C und einem Säulendruck von p=0,61MPa.

### 3.2.3 Elementaranalyse

Für die Ermittlung der Anteile an C, H, O und N wurde eine Elementaranalyse nach dem Prinzip der Total-Oxidations-Methode durchgeführt. Dazu sind atro Proben bei 900°C (bzw. 1000°C) in einem Quarzofen, geführt in einen Helium/Sauerstoff-Strom, verbrannt worden. Zur Optimierung der Oxidationsbedingungen wurde ein $Cr_2O_3$-Katalysator eingesetzt. Die Austrittsströme wurden in einer GC-Säule (2000x6x2mm) getrennt um anschließend die Anteile an elementaren Stickstoff, Kohlenstoff und Wasserstoff durch Doppelbestimmung an einem wärmeleitfähigen Detektor zu ermitteln. Die Werte für Sauerstoff ist als Differenz der Summe der übrigen Elemente zu 100 kalkuliert. Die Ermittlung der C-, H- und N-Gehalte wurde mit dem EDV-gestützten Elementaranalysator *Flash EA1112* (*ThermoQuest*) durchgeführt.

### 3.2.4 Kohlenhydratanalyse

Um eventuellen Zusammenhang zwischen Ausbeute, Molekulargewicht und Zuckergehalt aufzudecken ist an den atro Proben eine zweistufige Zuckerhydrolyse durchgeführt worden. Im Anschluss werden die Hydrolysate per Boratkomplex-Anionenaustausch-Chromatographie (HPAEC) qualitativ bestimmt. Für die quantitative Bestimmung wurde eine Kalibrierfunktion mit Konzentrations-Standards genutzt. Per UV/Vis-Detektion (560nm) können auf diese Weise die derivatisierten Einzelzucker bestimmt werden. Den Gesamtanteil an Zucker in der Probe wurde anhand der Einzel-Zuckergehalte berechnet.

### 3.2.5 $^{31}$P-NMR-Spektroskopie

Um Aufschluss über die Hydroxylgruppen in den Proben zu erhalten wurde die 31P-NMR-Messung nach GRANATA & ARGYROPOULOS [1995] durchgeführt. Um die verschiedenen OH-Funktionen charakterisieren zu können, müssen diese mit einer detektierbaren, phosphorhaltigen Verbindung derivatisiert werden. Genutzt wurde dafür die TMDP-Reagenz (2-chloro-4,4,5,5-tetramethyl-1.3.2-dioxaphospholan) der Fa. Aldrich. Die anschließende Messung erfolgte unter Verwendung des Mercury 400 MHz-NMR-Spektrometer der Fa. Varian. Für die Berechnung diente Cholesterol als interner Standard (IS) und die Auswertungssoftware VNMR 6.1B der Fa. Varian für die Flächenintegration. Spektroskopiebedingungen, Integrationsgrenzen und Berechnungsgrundlage können bei MENDE [2009] eingesehen werden. Die Dreifachbestimmung der Signalflächenintegration ist im Anhang einsehbar.

# 4 Ergebnisse und Diskussion

Nach dem Ausfällen und Abfiltrieren der Proben waren die zuerst gewonnen Informationen, neben dem optischen Eindruck (vgl. Abb. 22 u. 23 Anhang), die ermittelte **Ausbeute** der Proben. Wegen dem vorhergegangenen Abtrennen einiger Ligninfraktionen[7] sind die Ausbeuten erwartungsgemäß sehr niedrig (Tab. 7).

**Tab. 7:** Ausbeute (A) der Proben nach der LMS-Behandlung in % bez. auf 500ml eingetragenen Substrates

| n° | 1 | 2 | 3 | 4 | 5 | 6 | 7 | 8 | 9 | 10 | 11 | 12 | 13 | 14 | 15 |
|---|---|---|---|---|---|---|---|---|---|---|---|---|---|---|---|
| A | 1,35 | 1,45 | 1,21 | 1,35 | 1,12 | 1,39 | 1,37 | 1,08 | 1,58 | 1,02 | 1,32 | - | 1,57 | 1,50 | 1,35 |

Um die Auswirkungen auf das **Molekulargewicht** der behandelten Substrate zu quantifizieren wurden mithilfe des UV-Detektors (u. Lichtbrechungsindex-Detektor) Elugramme der Absorption erstellt (siehe 3.2.2).

Zu diesem Zweck ergibt sich die Absorption der eingestrahlten UV-Strahlung durch die analysierte Probe aus dem dekadisch logarithmiertem Quotienten der Intensität des Strahlenganges ohne Probe und nach Durchstrahlung der Probe. Mit konstanter Wellenlänge (280nm) ergibt sich ein linearer Zusammenhang zwischen Absorption und Konzentration. Mit der RI-Technik detektiert man Substanzen, welche das eingestrahlte Licht in einem anderen Winkel brechen als das eluierende Lösungsmittel. Es wird also relativ zum Brechungsindex des Eluenten gemessen, wodurch sich positive und negative Peaks ergeben können. Der Nachteil des RI-Detektors ist die geringere Empfindlichkeit verglichen mit der UV-Detektion. Vorteilhaft gegenüber UV-Methode ist der Einfluss der Molekülstruktur des Eluats auf das Detektorsignal. Der erwartete Lösungsmittel-*print*[8] ergab sich auf den RI-Elugrammen nur in geringem Maße.

7 im Faserstoff gebundene und hochmolekulare Lignine welche spontan nach Beenden der Kochung ausfällen, sind nicht Teil des behandelten Substrates

8 Ein starkes (negatives) Signal im Bereich der niedermolekularen Verbindungen infolge des eingesetzten LM (DMSO)

Die Messung der Molekulargewichte steht u.U. auch unter dem Einfluss der enthaltenen Zuckerfraktionen bzw. eventuell zurückbleibenden *LCC*'s. Um sich diesem Zusammenhang zu nähern, wurden für die **Kohlenhydratanalyse** mit einer zweistufige Hydrolyse die Zuckeranteile im Substrat quantitativ und qualitativ bestimmt (siehe 3.2.4). Um die strukturellen Modifizierungen der Substrate weiter zu charakterisieren sind die **Elementarzusammensetzung** (siehe 3.2.3) als auch die Verteilung der **Hydroxylgruppen** (siehe 3.2.5) mithilfe der **$^{31}$P-NMR-Spektroskopie** ermittelt.

## 4.1 Veränderung der Molmassen

Die Bedingung für die Lauffähigkeit des Eluats im Kapillarsystem der GPC-Anlage ist die einwandfreie Lösung der zu untersuchenden Proben. Alle Substrate konnten bei Zimmertemperatur problemlos in DMSO/LiBr in Lösung gebracht werden. Aus den gemessenen Molekulargewichten von standardisierten Polyethylenglykolen (PEG) sind mithilfe einer Kalibrierfunktion die äquivalenten Informationen zu Molmassenmittel, Zahlenmittel und Polydispersität der Proben berechnet worden (Tab. 11 Anhang). Auf dieser Basis sind dann jeweils mit UV-Detektor die Molmassenverteilungen der Proben bestimmt worden. Molmassenmittel und deren prozentuale Veränderung gegenüber ihrer nicht mit dem Enzym behandelten Blindproben zeigt Tabelle 8. Die Versuche 1-6 und als auch 10 beziehen sich dementsprechend auf Blindwert 13. LMS-Behandlung 7-8 als auch Versuch 11, welcher mit einer bakteriellen Laccase aus *M. thermophila* durchgeführt wurde, sind auf Basis von Blindwert 14 berechnet.. Nach der Behandlung im Reaktor wurden für alle Proben (1-12) höhere Molekulargewichte gemessen. Ergebnisse aus der UV-Detektion zeigten stets höhere Molmassen als solche aus der RI-Detektion. Die stärkste $M_w$ Steigerung zeigen die Proben 4, 5 und 9 (gemessen mit UV) mit jeweils um ein Viertel (24-25%) erhöhte Molmasse. Die Proben 8, 10 und 11 wiesen nach Messung mit RI, als auch UV, lediglich sehr kleine Veränderungen von 3-7 % auf.

**Tab. 8:** Massenmittel ($M_w$) und deren Veränderung (Δ) bezogen auf den Blindwert, nach GPC gemessen mit UV- und RI-Detektor

| | | | | | UV-Detektor | | RI-Detektor | |
|---|---|---|---|---|---|---|---|---|
| n° | Zeit | Med.[1] | Lacc.[1] | $O_2$[1] | $M_W$ ($g*mol^{-1}$) | Δ (%) | $M_W$ ($g*mol^{-1}$) | Δ (%) |
| **1** | 3h | HBT | $^{ThL}400$ | L | 2720 | 17 | 2450 | 12 |
| **2** | 6h | HBT | $^{ThL}400$ | L | 2720 | 17 | 2470 | 13 |
| **3** | 15h | HBT | $^{ThL}400$ | L | 2720 | 17 | 2470 | 13 |
| **4** | 3h | HBT | $^{ThL}400$ | $O_2$ | 2890 | 25 | 2550 | 16 |
| **5** | 6h | HBT | $^{ThL}400$ | $O_2$ | 2890 | 25 | 2580 | 18 |
| **6** | 15h | HBT | $^{ThL}400$ | $O_2$ | 2690 | 16 | 2440 | 11 |
| **7** | 3h | ABTS | $^{ThL}400$ | L | 2440 | 10 | 2220 | 6 |
| **8** | 6h | ABTS | $^{ThL}400$ | L | 2360 | 7 | 2150 | 3 |
| **9** | 15h | ABTS | $^{ThL}400$ | L | 2730 | 24 | 2490 | 19 |
| **10** | 15h | HBT | $^{ThL}200$ | $O_2$ | 2490 | 7 | 2280 | 4 |
| **11** | 15h | ABTS | $^{MtL}400$ | L | 2370 | 7 | 2160 | 3 |
| **12** | 15h | ABTS | $^{ThL}400$ | Buff[1] | 3790 | 22 | 3210 | 6 |
| **13** | 15h | HBT | - | L | 2320 | 0 | 2190 | 0 |
| **14** | 15h | ABTS | - | L | 2210 | 0 | 2090 | 0 |
| **15** | Originalsubstrat Probe 137 | | | | 3110 | 0 | 3020 | 0 |

[1] Legende: Med. - Mediator; Lacc - Art und Dosis der Laccase (µl); O2 - Sauerstoffversorgung durch Luftzufuhr o. O2-Flasche, Buff. - Versuch in wässrigem Puffermedium, eingeschränkte Gaseinbringung

### 4.1.1 Zeitreihen

Mithilfe der Versuche 1-3 (HBT), 4-6 (HBT+$O_2$) und 7-9 (ABTS) wurde beabsichtigt den Einfluss der Versuchsdauer tendenziell zu erkennen. Als Ausgangswert ist das Massenmittel des jeweiligen Blindwertes angetragen. Dabei ist zu beachten, dass diese aus 15h Behandlungen (ohne Enzym) stammen und nur für die bessere Veranschaulichung als Startwert (t=0h) gezeigt werden. Bei beiden HBT-Reihen ist der stärkste Anstieg schon nach drei Stunden erreicht. Die Molekulargewichte der HBT-Reihe haben sich nach sechs Stunden, als auch nach 15 Stunden, nicht weiter wesentlich verändert

(Abb. 9 o.l.). Die Erhöhung der Sauerstoffkonzentration (HBT+$O_2$) wirkte sich kaum aus. Unerwarteterweise tritt beim Langzeitversuch (6h-15h) mit Sauerstoff sogar ein leichter Abfall des Molekulargewichtes ein (Abb. 9 o.r.). Möglicherweise werden depolymerisierende Mechanismen im späten Reaktionsverlauf durch erhöhte Sauerstoffverfügbarkeit stärker gefördert als solche zur Polymerisation (vgl. Abb. 6 unter 2.3.3). Die Bildung von Phenoxyradikalen durch das HBT-LMS weist laut POTTHAST et al [2001] hohe Stabilität auf. Bei längerer Inkubation kann es jedoch zu inter- und intramolekularen *Quenching*-Reaktionen kommen, wodurch sich die Radikaldichte verringert und die Polymerisationsreaktion möglicherweise rückläufig wird. Der dritte Kurvenverlauf (Abb. 9 u.l.) deutet darauf hin, dass mit ABTS als Mediator die höchste Steigerung der Molmasse erst nach 15h erreicht worden ist. Ob diese Tendenz mit der Versuchsdauer weiter ansteigen könnte, bleibt vorerst unbekannt.

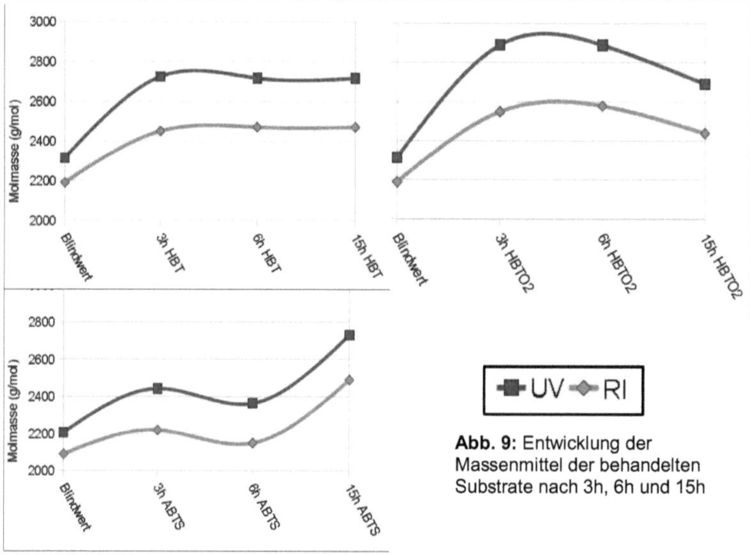


**Abb. 9:** Entwicklung der Massenmittel der behandelten Substrate nach 3h, 6h und 15h

### 4.1.2 Molmassenverteilung

Um die Veränderungen der Molmassen besser charakterisieren zu können, sind neben den errechneten Massenmittel auch die Verteilung der Molmassen von hoher Bedeutung. Gegenüber des Originalsubstrates[9] haben alle Behandlungen (Ausnahme: Probe 12) eine Verengung der Molmassenverteilungskurve zur Folge. Dies spiegelt sich auch in der Abnahme der PDI wieder (Tab. 11 Anhang). Nach der dreistündigen Behandlung war in der Molmassenverteilung ein ähnlicher Trend wie er aus der Zeitreihe (vgl. 4.1.1) hervorging, zu beobachten. Die Behandlung mit ABTS und Enzym resultiert in einem stärkerem Sinken der Molmassen als HBT und HBT+$O_2$ (Abb. 10). Dies setzt sich nach sechs Stunden fort, mit leichter Verschiebung der ABTS-Verteilungskurve nach links (Abb. 11). Die Langzeitversuche bieten eindeutigere Informationen. Der Anteil höherer Molekulargewichte (>5000 g/mol) reduzierte sich zugunsten der Molmassenmittel. Zunächst fällt auf, dass die Verteilungen von ABTS und HBT (rot u. grün) deckungsgleich verlaufen (Abb. 12). Beide Behandlungen führten zu höheren Anteilen mittelgroßer Moleküle (ca. 2000-3000 g/mol).

Auch der Einfluss der Sauerstoffkonzentration wird in der Spätphase (d.h. nach 15h Versuchsdauer) deutlicher. Die niedermolekularen Molmassen der 15h-Reaktion mit zusätzlichem Sauerstoff (Abb. 12 gelb) befinden sich links der beiden anderen Substrate (rot u. grün). Die Verteilungskurve des sauerstoffgesättigten Versuch (gelb) verschob sich leicht in niedermolekulare Richtung und deckt sich nahezu mit der unbehandelten Probe (schwarz). Infolgedessen war der Anteil mittelhoher Molmassen (ca. 2000-3000 g/mol) geringer. Das bestätigt die sinkenden $M_w$-Werte in der Spätphase der $O_2$-unterstützten Reaktion. POTTHAST et al [1999, 2001] kamen nach der LMS-Behandlung (ABTS u. *Coriolus versicolor*-Laccase[10]) von verschiedenen *lignin-model-compounds* zu dem Schluss, dass in Anwesenheit von Sauerstoff

9 nicht zu verwechseln mit den Blindwertproben!

10 *Coriolus* spp. und *Polyporus* spp. sind veraltete Bezeichnungen und können der Gattung *Trametes* spp. zugeordnet werden

nach anfänglicher Molmassenerhöhung auch depolymerisierende Mechanismen im LMS wirken können. Sie gehen davon aus, dass neben dem Entstehen von 4-O-5' und 5-5' Bindungen v.a. in der Spätphase der Behandlung zuvor gebildete Oligomere wieder gespalten wurden. Weiterhin ist denkbar, dass das LMS niedermolekulare Ligninkomponenten zu Aldehyden oxidieren könnte, welche, mangels radikalischen Charakter, keine weitere Polymerisation zur Folge hätten.

Die Anstiege der Molmassenverteilungskurven lagen im hochmolekularen Bereich übereinander. Ursache hierfür könnte sein, dass die Effektivität des LMS ab einer gewissen Grenzkonzentration hochmolekularer Verbindungen stark zurückgeht. Diese scheinbare Grenze kann aus verschiedenen beschränkenden Gründen zustande kommen. Einerseits werden auch im Reaktor, genau wie beim Rohstoffaufschluss niedermolekulare organische Säuren freigesetzt, welche die autokatalytische Ligninspaltung fördern. Die Steigerung der Molmasse (22%) und nur marginale Abnahme der PDI (von 2,7 auf 2,6) beim LM-freien Versuch weist gleichfalls auf die depolymerisierenden Effekte des Mediums hin. Depolymerisierende Effekte sind also ständige Begleiter aller anderen Mechanismen. Andererseits wirkt das hochkonzentrierte Lösungsmittel (~50% Ethanol) wie ein Radikalfänger, welcher die gewünschte Kondensationsreaktion zweier "aktivierter" Ligninmoleküle möglicherweise unterbinden könnte. Zusätzlich hat Ethanol bereits ab einer 10%-igen Konzentration einen stark inhibierenden Effekt auf die Laccasen, d.h. deren Fähigkeit die Mediatoren zu radikalisieren ist dementsprechend einschränkt. Um Erkenntnisse über die Auswirkung des Ethanols auf die Veränderung der Molmassen zu erhalten, wurde daraufhin zusätzlich eine Behandlung ohne Lösungsmittel durchgeführt. Dafür ist eine Probe des Originalsubstrat mithilfe einer Pufferlösung dem LMS (vgl. Versuch 12 in Tab. 8) ausgesetzt worden. Bezugnehmend auf das Molekulargewicht des originalen Lignins wurde eine Steigerung um 22% (UV-gemessen) erreicht. Dieser Wert ist jedoch nicht als absolut sicher einzustufen, da im Laufe des Experiments einige Unregelmäßigkeiten eingeräumt werden mussten. So konnte der angestrebte Gasvolumenstrom im Reaktor nicht realisiert werden,

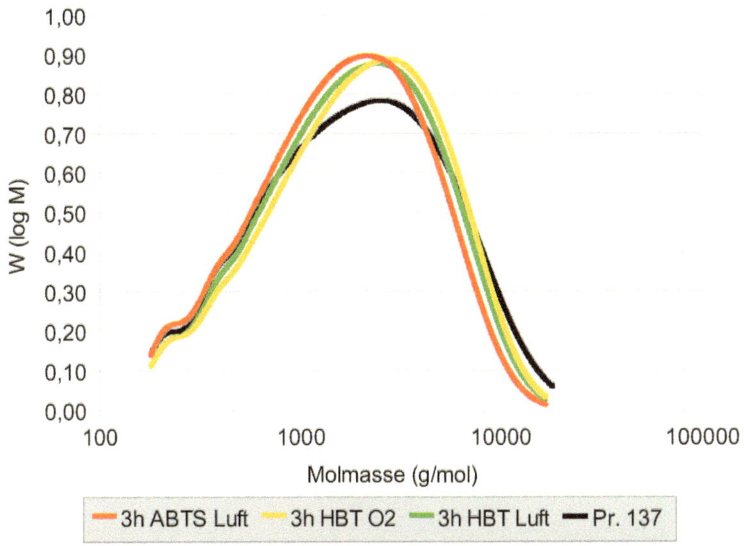


**Abb. 10:** Molmassenverteilung der Proben nach 3h Behandlung durch verschiedene LMS und dem Originalsubstrat 137, gemessen mit UV

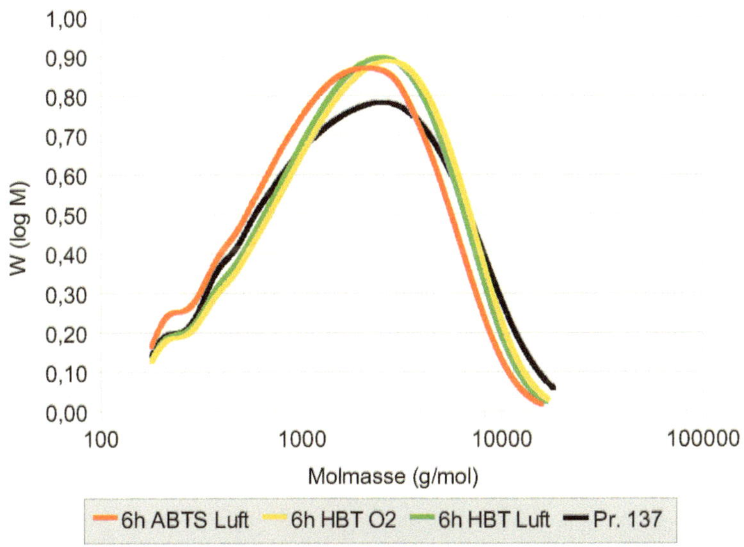


**Abb. 11:** Molmassenverteilung der Proben nach 6h Behandlung durch verschiedene LMS und dem Originalsubstrat 137, gemessen mit UV

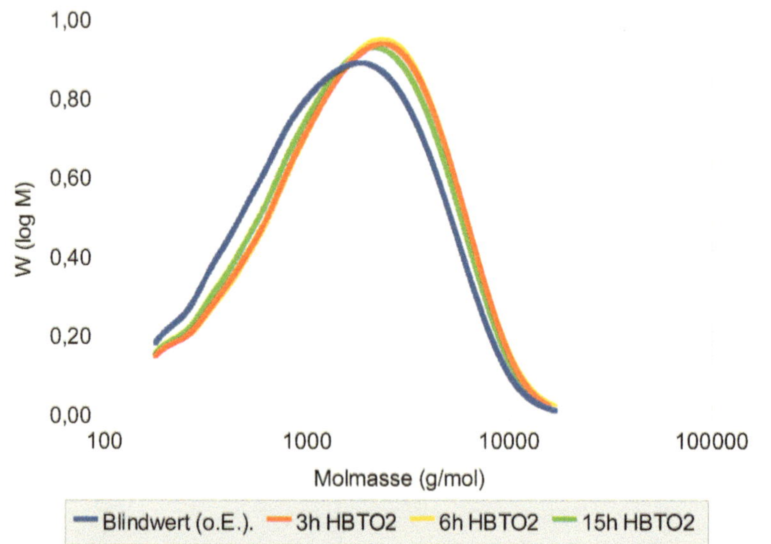


**Abb. 12:** Molmassenverteilung der Proben nach 15h Behandlung durch verschiedene LMS und dem Originalsubstrat 137, gemessenen mit UV

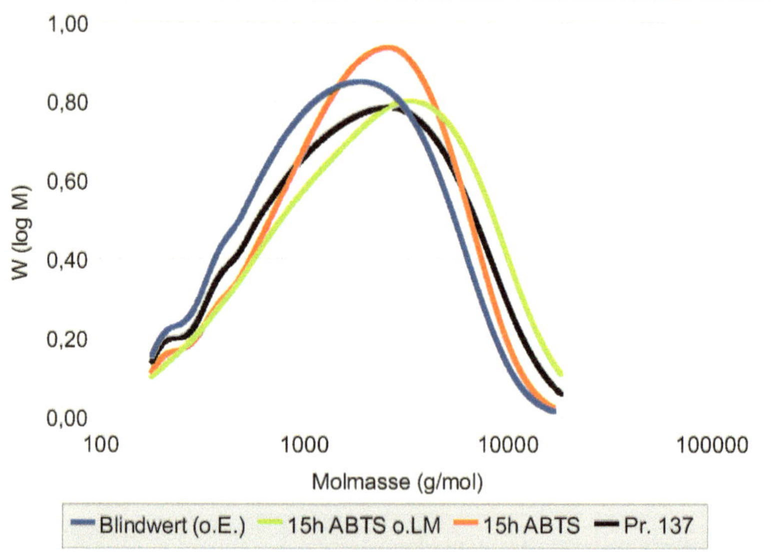


**Abb. 13:** Molmassenverteilung der Proben nach 15h ABTS Behandlung mit Enzym, Blindwert (15h o.E.) und dem Originalsubstrat 137, gemessen mit UV

da ansonsten starkes Aufschäumen des suspendierten Lignins die Folge gewesen wäre. Um dem resultierenden $O_2$-Mangel entgegen zu wirken, wurde die Drehzahl des Dispersers auf 350 $min^{-1}$ erhöht, mit dem Ziel durch randständige Verwirbelungen mehr Luftsauerstoff einzutragen. Daneben ergab sich in der RI-Messung ein vom UV ungewöhnlich stark abweichende Veränderung der Molmasse von nur 6%. Beide Verteilungskurven der Molmassen sind im Anhang (Abb. 24 u. 25) zu finden.

Ein weiterer Aspekt sind die Unterschiede welche sich beim Vergleich der RI und UV Daten zeigen. Betrachtet man die Elutionskurven der normierten RI- und UV-Signal (Abb. 14), stellt man an verschiedenen Stellen einen Versatz fest. Links vom Signalmaximum die höhermolekularen, rechts die niedermolekularen Abweichungen. Aufgrund der Kalibrierung der beiden Detektoren (Versatzvolumen 0,383ml) ist davon auszugehen, dass die Unterschiede auf die unterschiedlichen Messprinzipen von RI und UV zurückgehen. Überraschendend ist, dass die Behandlungen o.E. (Blindwert 13 u. 14) jeweils im niedermolekularen (13) und höhermolekularen (14) Bereich, Verschiebungen aufwiesen (Abb. 14). Die Vergleichbarkeit der HBT- und ABTS-Reihe ist deshalb problematisch. Der Versatz bei ABTS-Blindwert (14) und LMS-Behandlung mit ABTS (9) ist sehr ähnlich, womit die Strukturänderung (aufgrund verschiedener molekularer Extinktionskoeffizienten) in den Proben zumindest teilweise dem Mediator zugeschrieben werden kann. Der Unterschied von RI- und UV-Messung des lösungsmittelfreien Versuchs (12) war deutlich stärker als der mit LM (9). Die strukturelle Modifizierung des Lignins infolge von stärkerer Enzymeffektivität bei Abwesenheit von Ethanol ist intensiver ausgeprägt, was sich im Anstieg der Polydispersität von Probe 12 (vgl. Tab. 11 Anhang, PDI = 2,6) wiederspiegelt.

Aus den übrigen RI-gemessenen Molmassenverteilungen ergaben sich ähnliche Schlussfolgerungen wie nach UV-Detektion. Die Molmassenverteilungen nach RI-Messung sind dem Anhang ( zu entnehmen. Die jeweiligen LMS-Reihen sind dort in Bezug auf den Blindwert (15h LMS o.E.) dargestellt. Auf diese Weise wird deutlich wie intensiv das Enzym im LMS die Polymerisierungsreaktionen katalytisch fördern konnte.

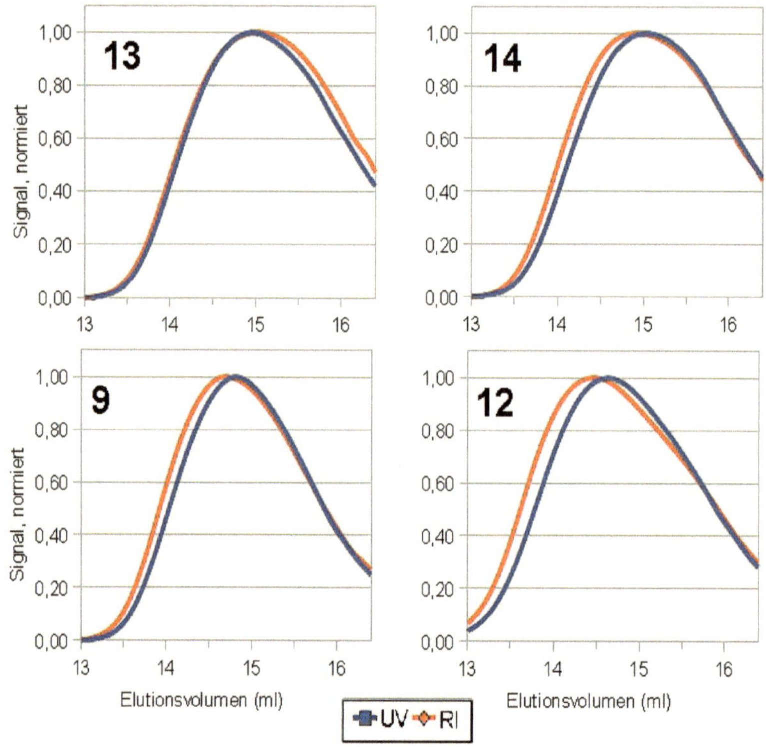


**Abb. 14:** Gegenüberstellung der RI / UV - Elutionskurven (Signal normiert) der Blindwerte (13 u. 14), des ABTS-Versuches mit LM (9) u. ohne LM (12)

## 4.2 Analyse der Kohlenhydrate

Alle technischen Lignine sind zu einem gewissen Maß mit verschiedene Polysaccharide kontaminiert. Abhängig von den Aufschlussparametern und Isolierungsverfahren kann der Anteil an Polyosen, Cellulosen und nicht konstitutionellen Zuckern verschieden hoch sein. Bei der Aufbereitung der Substrate nach der LMS-Behandlung konnte keine absolut konstante Qualität garantiert werden. V.a. der Schritt der Waschung der Proben (vgl. Abb. 7) kann zu unregelmäßigen Zuckeranteilen geführt haben. Um zu klären, ob die erzielten Ausbeuten und Veränderungen der Molmassen unter signifikantem Einfluss der Kohlenhydrate im Lignin (*LCC*'s) standen, wurden die verbleibenden Zucker durch zweistufige Hydrolyse qualitativ und quantitativ bestimmt.

Zuckeranteile, deren Aufschlüsselung in Einzelzucker und den Gehalt an zurückgebliebenem Hydrolyse-Lignin einiger Proben sind in Tabelle 9 dargestellt (übrige vgl. Tab. 12 Anhang). Die Gehalte an säure-unlöslichem

**Tab. 9:** Gesamtzuckeranteile, einige Zuckermonomere und Gehalt an säure-unlöslichem Lignin nach zweistufiger Hydrolyse ausgewählter Proben, [%] bez. auf atro Probe

| n° | Hydrolyse-rückst. | $\Sigma$ Zucker | Xylose | Glucose | Mannose | Arabinose |
|---|---|---|---|---|---|---|
| 9 | 88,9 | 2,37 | 1,58 | 0,17 | 0,22 | 0,14 |
| 10 | 94,9 | 0,80 | 0,41 | 0,04 | 0,09 | 0,10 |
| 12 | 91,8 | 0,89 | 0,40 | 0,04 | 0,18 | 0,11 |
| 15 | 92,9 | 0,99 | 0,61 | 0,05 | 0,06 | 0,11 |

Lignin lagen zwischen 88,9% und 94,9% (Probe 9 u. 10 Tab. 9). Dabei lag das unveränderte Originalsubstrat mit 92,9% (15) im mittleren Bereich. Verglichen mit den von MEIER [1980] erzielten Ergebnisse lagen die erhaltenen Werte, trotz erfolgter Waschung, höher. MENDE [2009] erhielt mit 91,7% bis 93,4% vergleichbare Werte, was jedoch nicht eindeutig rohstoff- oder prozessbedingt begründet werden konnte. Der Gesamtzuckeranteil lag unter 2,37%, jedoch lagen bis auf Probe 9 alle Werte um 1%. Die hohe Abweichung erklärte sich möglicherweise mit einer Versuchsunregelmäßigkeit oder dem unzureichenden Waschen der Fällprobe. Probe 9 zeigt neben Probe 12 (Suspensionsversuch o. LM) den höchsten Anteil an Mannose. Der mit maximal 1,58% sehr hohe Anteil an Xylose (+ Mannose als primäre Seitenkette) bildet den typischen *backbone* des LH-Xylan. Der Gehalt an Methoxygruppen von 0,1% (vgl. Tab. 12 Anhang) entspringt den Seitengruppen der Xylanhauptketten (4-OMe-Glucuronsäuren) und stimmt mit den von MENDE [2009] ermittelten Werten überein. Hinsichtlich des $OCH_3$-Anteil sind alle gemessenen Proben als sehr rein, also wenig zuckerkontaminiert, zu charakterisieren.

Die Gegenüberstellung der Fällausbeute und dem Anteil der verbliebenen Zucker in der Probe (Abb. 14) weist auf keinen erkennbaren Zusammenhang hin. Das gleiche gilt für den vermuteten Zusammenhang zwischen Molmassenerhöhung und Zuckeranteil. Abbildung 15 (UV) und 16 (RI) deuten auf keinen eindeutigen Trend hin.

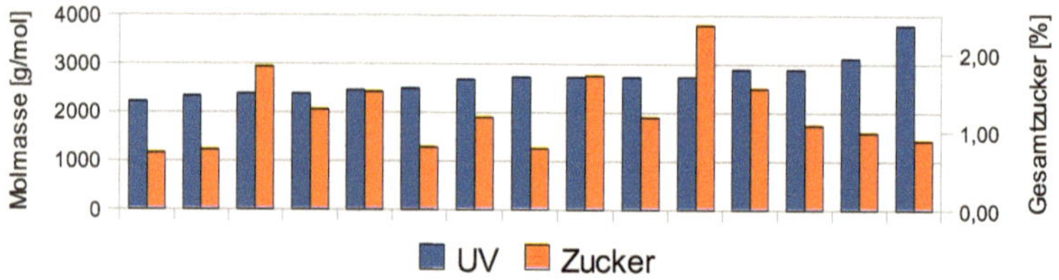


**Abb. 15:** Molmassenmittel, gemessen mit UV [g/mol], und Zucker [%]

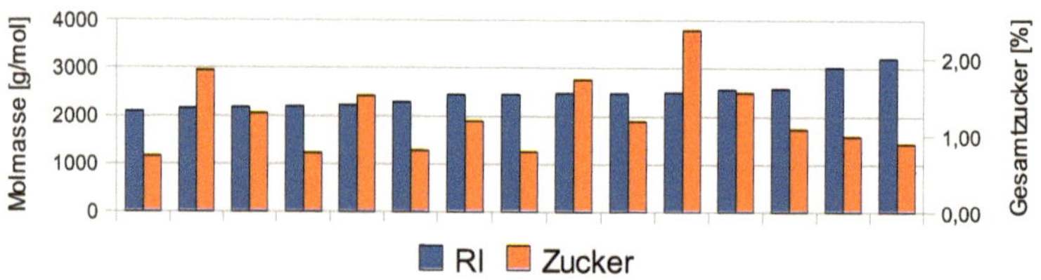


**Abb. 16:** Molmassenmittel, gemessen mit RI [g/mol], und Zucker [%]

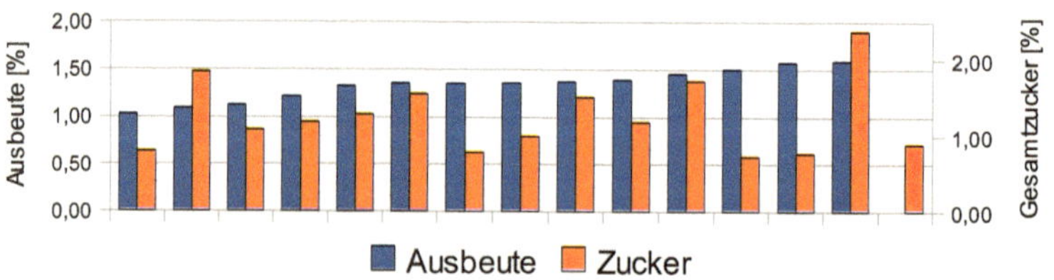


**Abb. 17:** Fällausbeute [%] und Zucker [%], sortiert nach steigender Ausbeute

## 4.3 Elementaranalyse

Ein Auszug aus der Elementarzusammensetzung einiger Proben ist in Tabelle 10 dargestellt. Die Stickstoffgehalte lagen zwischen 0,24 % (14) und 0,39 % (3, 6, 15) und waren höher als die von FAIX [2003] angegebenen 0,2%. Beide Blindbehandlungen, also o.E., zeigen erwartungsgemäß die niedrigsten N-Anteile. Probe 10 wurde mit der halben Dosis *T.h.*-Laccase behandelt, was sich im niedrigen Stickstoffgehalt von 0,29 % widerspiegelt. Die Proben 1-9 weisen je nach Behandlungsdauer steigende Stickstoffgehalte auf (Abb. 17). Dieser Effekt rührte vom sukzessiven Einleiten der beiden N-haltigen Mediatoren her.

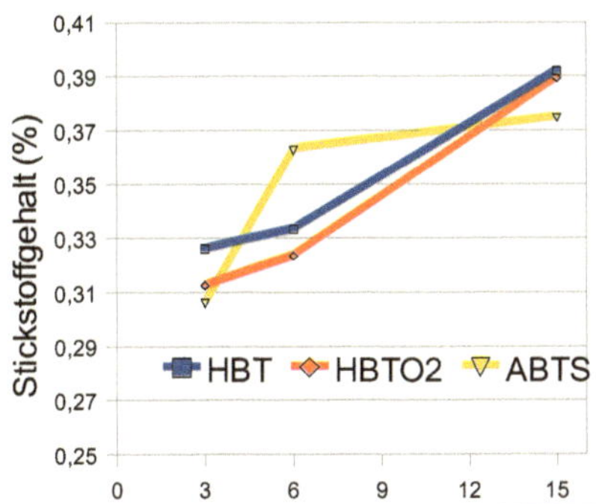


**Abb. 18:** Stickstoffgehalt in Abhängigkeit von der Versuchsdauer [h]

Die gemessenen Kohlenstoffanteile waren vergleichbar mit den von MENDE [2009] nach Organosolv-Aufschluss erhaltenen. Im Ausgangssubstrat (15) lag mit 64,01 % verhältnismäßig viel vor. Diese Abweichung könnte auf eine Schwankung in den Einzelmessungen[11] zurückzuführen sein und geben keinen konkreten Hinweis auf strukturelle Veränderungen. Wasserstoff war mit 5,74 % bis 5,92 % in etwas geringerem Maße als bei MENDE [2009] und MEIER [1980] vertreten, unterlag aber keinen nennenswerten Schwankungen.

11 Es wurden Bestimmungen bei 900°C u. 1000°C durchgeführt um ein möglichst optimales Brennverhalten zu erreichen

Die Sauerstoffgehalte (29,68 % bis 33,07 %) lagen etwas über den von MENDE [2009] ermittelten jedoch unter den von MEIER [1980] angegebenen 33,0 %. Der etwas niedrige O-Gehalt von 29,68 % des Ausgangssubstrates (15) kann mit dem ungewöhnlich hoch gemessenen Kohlenstoffanteil erklärt werden. Die die C,H,O-Gehalte korrelierten jedoch weder mit den ermittelten Molmassen, noch mit Zuckergehalten.

**Tab. 10:** Elementarzusammensetzung [%] bez. auf atro Probe; %O als Differenz zu 100

| n° | N | C | H | O |
|---|---|---|---|---|
| 1 | 0,33 | 61,55 | 5,78 | 32,34 |
| 2 | 0,33 | 63,53 | 5,92 | 30,22 |
| 3 | 0,39 | 60,73 | 5,81 | 33,07 |
| 4 | 0,31 | 61,77 | 5,80 | 32,11 |
| 5 | 0,32 | 62,78 | 5,84 | 31,05 |
| 6 | 0,39 | 62,12 | 5,86 | 31,64 |
| 7 | 0,31 | 62,93 | 5,87 | 30,90 |
| 8 | 0,36 | 62,69 | 5,92 | 31,02 |
| 9 | 0,37 | 62,39 | 5,90 | 31,33 |
| 10 | 0,29 | 62,71 | 5,87 | 31,14 |
| 14 | 0,24 | 62,57 | 5,89 | 31,30 |

## 4.4 $^{31}$P-NMR-Spektroskopie

Um die Aussagekraft der gemessenen Molmassenänderungen hinsichtlich der Molekülstruktur besser bewerten zu können, wurden mithilfe der $^{31}$P-NMR-Spektroskopie Konzentration und Typ der auftretenden Hydroxylgruppen bestimmt. Die ermittelten Flächenintegrale (Tab. 12 Anhang) wurden anhand der Einwaage in Konzentrationen (mmol/g) umgerechnet (Tab. 13 Anhang). Die erstellten Spektrogramme zeigen die für Laubholzlignine typischen Verteilungen an G- und S-Bausteinen. Diese liegen, rechts vom internen Cholesterol-Standard (IS), zwischen ca. 142-144ppm (S) und 139-140ppm (G). OH-Funktionen aus *p*-Hydroxy-Einheiten (H) sind, typisch für LH, nur in geringen Mengen messbar. Links vom IS befinden sich die Hydroxylgruppen welche aliphatischen Ursprungs sind. Diese können neben den als lignintypische $C_\alpha$- und $C_\gamma$-Gruppen vorliegenden, auch als Funktion in Restkohlenhydraten vorhanden sein. Der Zusammenhang zwischen der Konzentration aliphatischer OH-Funktionen und dem Zuckergehalt der Probe ist in Abbildung 19 dargestellt. Bei linearer Regression stellt sich eine Determination über 0,71 ein, was die Aussage einer mindestens 50%-igen Abhängigkeit der Varianzen von Zuckergehalt und aliphatischer Hydroxylgruppen erlaubt. Der Rückschluss auf einen Zusammenhang mit den Molmassen lässt sich jedoch nicht belegen.

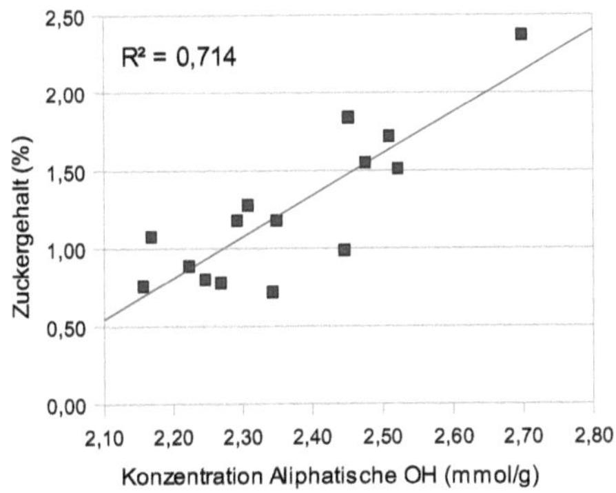


**Abb. 19:** Zuckergehalt gegen Konzentration der aliphatischen OH der Proben

Innerhalb des Syringyl-Signals (S) finden sich die beiden kondensierten phenolischen "Peaks" (k1 u. k2). Laut ROVIO et al [2010] sind diese der β-O-5 Aryl-Ether-Bindung (k1) und dem 5-5'-Biphenyltyp (k2) zuzuordnen, können aber nicht eindeutig vom S-Baustein getrennt werden. Für die Summe der aromatischen OH-Gruppen macht das aber keinen Unterschied. Der Anteil an Carboxyl-Gruppen (C) war bei allen Proben relativ konstant und insgesamt als zu bewerten. Das ist gleichzeitig ein Zeichen dafür, dass nur relativ wenige monomere und oligomere Carbonsäuren in der Probe vorlagen [ROVIO et al, 2010].

Der Anteil an messbaren aromatischen Hydroxylgruppen steigt mit abnehmendem Polymerisationsgrad, da v.a. aufgespaltene Aryletherbindungen diese für die Phosphorderivatisierung freimachen. An Abbildung 21 wird sichtbar wie sich die Summe der aromatischen Hydroxylgruppen nach den LMS-Behandlung verändert hat. Dabei wird deutlich, dass die Behandlung mit HBT-LMS nach 3h (1) noch wesentlich mehr OH-Gruppen hervorgebracht hat, sich später (2 u. 3) jedoch dem Blindwert (13) anglich. Das Bild der $HBTO_2$ -LMS (4-6) Behandlung brachte ähnliche Veränderungen zu Tage, zeigte jedoch eine deutliche Abnahme der OH-Gehalte (4-6), was möglicherweise auf Polymerisierung hinweist. Nach der ABTS-Behandlung war diese Tendenz noch deutlicher, was in Zusammenhang mit der erhöhten Molmasse (vgl. Tab. 8) gleichfalls als Hinweis auf mehr Aryletherbindungen interpretiert werden kann. Betrachtet man das Originalsubstrat (15) erkennt man, dass beide Blindbehandlungen (13 u. 14) den Anteil an OH-Gruppen leicht (13), bzw. stark (14) ansteigen ließ. Ein weiteres Zeichen für die depolymerisierende Wirkung des Reaktionsmediums. Dem gegenüber steht der Abfall an freien aromatischen OH-Gruppen nach der Behandlung durch ABTS-LMS ohne Ethanol (12). Die Polymerisierung scheint auch hier durch die P-NMR bestätigt worden zu sein.

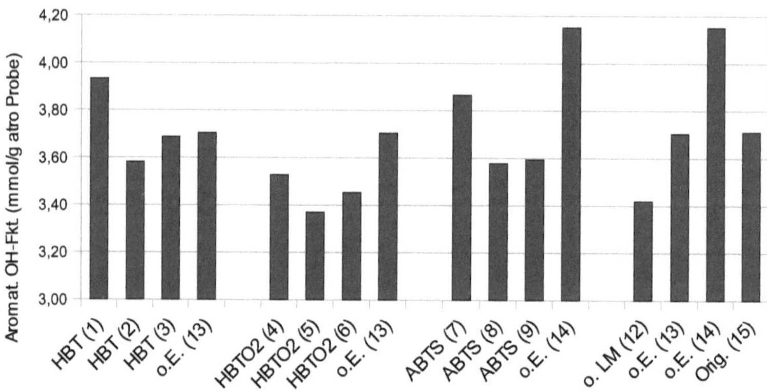


**Abb. 20:** Gehalte an aromatischen Hydroxylgruppen, gruppiert nach Versuchsart und deren Vergleichsreferenz

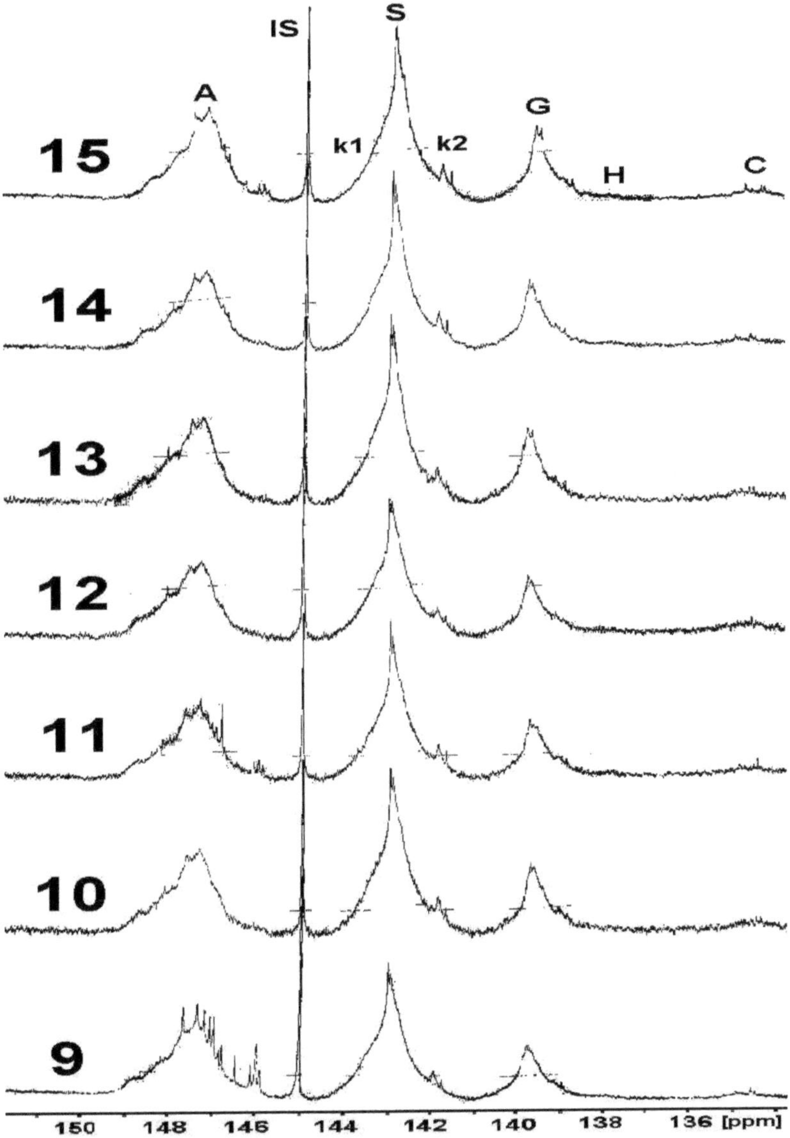


**Abb. 21 A:** $^{31}$P-NMR Spektrogramm von Probe 9-15

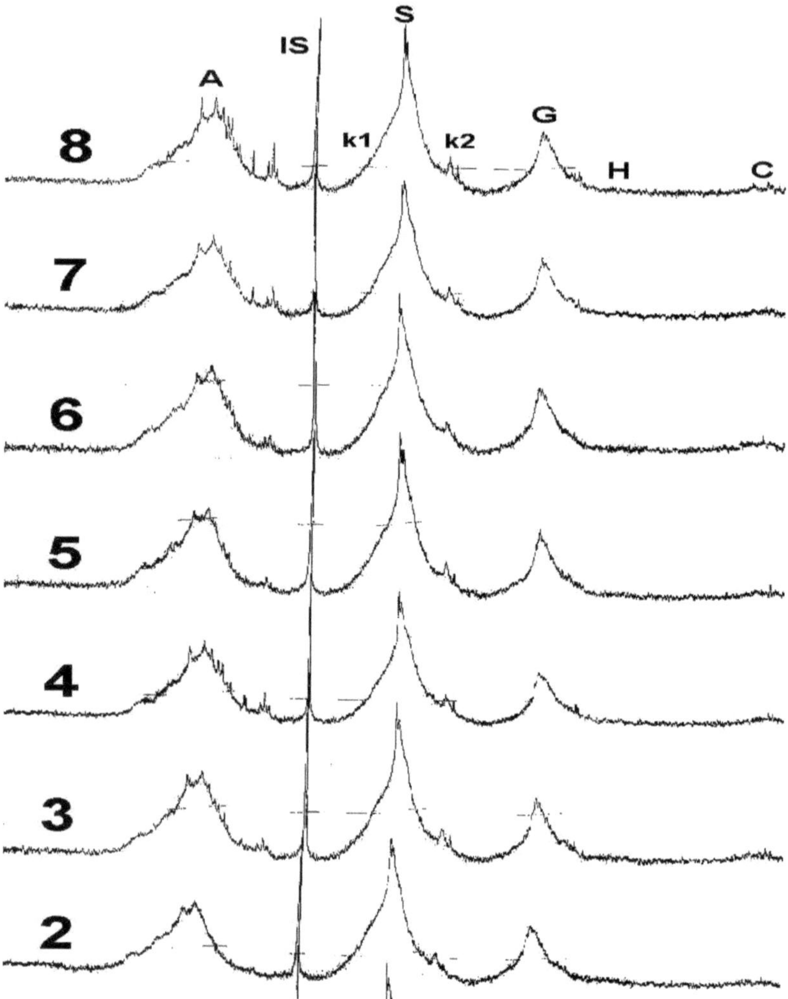


**Abb. 21 B:** $^{31}$P-NMR Spektrogramm von Probe 1-8

# 5 Zusammenfassung und Ausblick

Die stärkste absolute Veränderung der Molmassen erfolgte im Langzeitversuch (15h) mit ABTS und Laccase (24%). Mit zwei HBT-Reihen (25%) ist die größte prozentuale Steigerung erreicht worden. Eine stärkere Sauerstoffbereitstellung wirkte sich in der Spätphase jedoch eher negativ aus. Die Verlässlichkeit der ermittelten Molmassen ist zumindest fraglich, da im vorliegenden Maßstab die Fehler der $M_w$-Bestimmung signifikante Auswirkungen gehabt haben könnten.

Insgesamt ist der polymerisierende Effekt der LMS-Behandlung geringer ausgefallen als anhand von Vorversuchen erwartet. Ob die Molmassenänderungen ausschließlich der Wirkung der Laccase zuzuschreiben ist, kann nicht abschließend geklärt werden. Es ist wahrscheinlich, dass Mediatoren als auch das Lösungsmedium Auswirkungen auf Polymerstruktur und Molmasse gehabt haben.

Um die Effektivität der Enzymkomponente zu sichern, sollten Aktivitätsbestimmung angestrebt werden. Die Ethanolkonzentration während der LMS-Behandlung möglichst weit zu verringern, ist angesichts der guten Ergebnisse ($M_w$-Verbesserung u. stabiler Polydispersitätsindex) aus dem Suspensionsversuch (12) empfehlenswert. Enzym-inhibierende und depolymerisierende Wirkung des gebrauchten Reaktionsmediums konnten ansatzweise identifiziert werden. Die Analyse der OH-Funktionen mit $^{31}$P-NMR bestätige weitgehend die Deutungen aus den Molmassenbestimmungen. Die Messung der Zuckergehalte und die Elementarzusammensetzung ergaben keine bedeutenden Hinweise.

Eine differenziertere Erprobung des Einflusses von Temperatur, pH-Wert und Behandlungsdauer sind wünschenswert. Möglicherweise könnte die Anhebung der Temperatur und des pH-Wertes zu besseren Ergebnissen führen. Auch das Anheben von Laccasedosis und Behandlungsdauer oder bspw. die Mischgabe der Mediatoren, könnte weitere Verbesserungen hervorrufen.

Abschließend sollte das Konzept des Reaktors überdacht werden. Um die Entfernung von hochmolekularen Produkten (Verhindern von *Quenching*-Reaktionen) zu gewährleisten ist statt eines *semi-batch*-Reaktors möglicherweise ein kontinuierlicher Prozess, mit ständigem Substratvolumenstrom vorstellbar. Auf diese Weise würde das Abführen aktivierter Komponenten möglich bevor sie wieder abgebaut werden.

Möglichkeiten zur Verbesserung von Molmasse und Polydispersitätsindex als wichtige werkstofftechnologische Eigenschaften sind erkennbar und machen weiterführende Untersuchungen interessant.

# Literaturverzeichnis

**Areskogh, D.**, Li, J., Nousiainen, P., Gellerstedt, G., Sipilä, J., Henriksson, G. (**2010**): Oxidative polymerisation of models for phenolic lignin endgroups by laccase. Holzforschung. **64**. 1. p21-34.

**Bertrand, G.** (**1894**): Sur le latex de l'arbre à laque. Comptes Rendus Académie des Sciences **118**. p1215-1218.

**Bourbonnais R.**, Paice, M.G., Freiermuth B., Bodie E., Borneman S. (**1997**): Reactivities of various mediators and laccases with kraft pulp and lignin model compounds. Appl. Environ. Microbiol. **63**. p27–32.

**Bourbonnais R.**, Paice, M.G., Lanthier P., Reid, I.D., Yaguchi, M. (**1995**): Lignin Oxidation by Laccase Isozymes from *Trametes versicolor* and Role of the Mediator 2,2-Azinobis(3-Ethylbenzthiazoline-6-Sulfonate) in Kraft Lignin Depolymerization. Appl. Environ. Microbiol. **61**. 5. p1876–1880.

**Bourbonnais R.**, Paice, M.G. (**1990**): Oxidation of non-phenolic substrates. An expanded role for laccase in lignin biodegradation. FEBS Lett. **267**. p99-102.

**Call, H.P., Mücke, I.** (**1997**): Minireview: History, overview and applications of mediated lignolytic systems, especially laccase-mediator-systems (Lignozym®-process). Journal of Biotechnology. **53.** p163–202.

**Crestini, C.**, Crucianelli, M., Orlandi, M., Saladinod, R. (**2010**): Oxidative strategies in lignin chemistry: A new environmental friendly approach for the functionalisation of lignin and lignocellulosic fibers. Catal. Today. doi:10.1016 /j.cattod.2010.03.057. Rom.

**Dublin, P.L.** (**1988**): Aqueous Size-Exclusion Chromatograpy. Journal of Chromatography. Lib. **40**. Elsevier.

**Euler, H.** (**1906**): Allgemeine Chemie der Enzyme. Monatsschrift Kinderheilkunde. **6**. 187-243. Stockholm.

**Fabbrini, M.**, Galli, C., Gentili, P. (**2002**): Comparing the catalytic efficiency of some mediators of laccase. Journal of Molecular Catalysis B: Enzymatic. **16**. p231–240. Rom.

**Faix, O.**; Lange, W., Beinhoff, O. (**1984**): Orientierende Untersuchungen zum Organosolv-Aufschluss von Buchenholz mit einem Propandiol/Wasser-Gemisch. Holz als Roh- und Werkstoff. **42**. p245-252. Hamburg.

**Faix, O.**(**2003**): Grundlagen der Holzchemie, Teil IIA, Analytische Methoden der Holzchemie. Vorlesungsskript für den Studiengang der Holzwirtschaft. BFH. UHH. Hamburg.

**Festel, G.**, Knöll, J., Götz, H., Zinke, H. (**2004**), Der Einfluss der Biotechnologie auf Produktionsverfahren in der Chemieindustrie. Chemie Ingenieur Technik, **76**: 307–312.

**Gellerstedt, G.**, Lin, S.Y., Dence, C.W. (**1992**): Gelpermeationchromatography, Methods in Lignin Chemistry. Springer. p487-497. Berlin.

**Ghindilis, A.** (**2000**): Direct electron transfer catalysed by enzymes: application for biosensor development. Biochem. Soc. Trans. **28**. p84-89. Albuquerque.

**Giddings, J.C.** (**1994**) Universal Calibration in Size Exclusion Chromatography and Thermal Field-Flow Fractionation Anal. Chem. **66** . p2783–2787.

**Givaudan, A.**, Effosse, A., Faure, D., Potier, P., Bouillant, M. und Bally, R. (**1993**): Polyphenol oxidase from Azospirillum lipoferum isolated from the rhizosphere: Evidence for a laccase in non-motile strains of Azospirillum lipoferum. FEMS Microbiol. Lett. **108**. p205-210.

**Granata, A. & Argyropoulos, D.S. J.** (**1995**): Agric. Food Chem. **43**. p1538-1544.

**Hager, A.** (**2003**): Zum Effekt von Laccasen beim Altpapier-Deinking. Diss. 228S. UHH. Hamburg.

**Heinzmann, G.**, Tartsch, B. (**2010**): GPC/SEC - Mit drei Augen sieht man mehr. Größenausschlusschromatographie mit Dreifachdetektion im Vergleich zu reiner Brechungsindexdetektion.Chemie.DE InformationService GmbH. verfügbar unter: http://www.chemie.de/articles/d/73825/, abgerufen am 23/11/2010.

**Hui-Ling, M.**, Kermasha S., Jin-Ming, G., Borges, R.M., Xiu-zhu, Y. (**2009**): Laccase-catalyzed oxidation of phenolic compounds in organic media. Journal of Molecular Catalysis B: Enzymatic. **57**. p89–95.

**Hüttermann, A.**, Mai, C., Kharazipour, A. (**2001**): Modification of lignin for the production of new compounded materials. Appl. Microbiol. Biotechnol. **55**. p387–394. Göttingen.

**Kleinert, T.N.** (**1976**): Der Alkohol-Wasser-Aufschluß des Holzes - Technologie und wirtschaftliche Bedeutung. Das Papier. **30**. p18-24.

**Kunamneni, A.**, Camarero, S., García-Burgos, C., Plou, F.J., Ballesteros, A., Alcalde, M., (**2008**): Engineering and Applications of fungal laccases for organic synthesis. Microbiol. Cell. Factories. **32**. p2859-2867. Madrid.

**Meier, D.**, Faix, O. and Lange, W. (**1981**): Holzforschung. **35**, p247-252. in: **Fengel**, D. **& Wegener**, G. (**1984**): Wood. Chemistry, ultrastructure, reactions. Walter de Gruyter. 613p. Berlin & New York.

**Mayer, A.M.** (**1987**): Polyphenoloxidases in plants - recent progress. Phytochem. **26**. p11-20.

**Mende, M.** (**2009**): Charaktersierung von Ligninen aus einem Organosolv-Bioraffinerie-Prozess. Diplomarbeit. 105S. UHH. Hamburg.

**Myrbäck, K.** (**1953**): Enzymatische Katalyse: Einführung in die Enzymchemie. de Gruyter. 181S. Berlin.

**Nimz H.H.** (**1974**): Das Lignin der Buche - Entwurf eines Konstitutionsschemas. Angew. Chem. **86**. 9. p336-344.

**Nimz, H.H.** (**1988**): Grundlagen der Holzchemie. Vorlesungsskript für den Studiengang der Holzwirtschaft. UHH. Hamburg.

**Nitz, H.** (**2001**): Thermoplast Compounds auf des nachwachsenden Rohstoffes Lignin. Diss. 288S. Freiburg.

**Potthast, A.,** Rosenau, T., Fischer, K. (**2001**): Oxidation of benzyl alcohols by the laccase-mediator system (LMS) - a comprehensive kinetic description. Holzforschung. **55**. 1. p47-56.

**Potthast, A.,** Rosenau, T., Koch, H., Fischer, K. (**1999**): The reaction of phenolic model compounds in the laccase- mediator system (LMS) - Investigations by matrix assisted laser desorption ionization time-of-flight mass spectrometry (MALDI-TOF-MS). Holzforschung. **53**. 2. p175-180.

**Puls, J.**, Schweinle, J. (**2007**): Verbundvorhaben "Lignocellulose-Bioraffinerie, Teilvorhaben II: Holzaufschluss und Komponententrennung. BFH-Nachrichten. Hamburg.

**Ranocha, P.** Goffner, D., Boudet, A.M. (**2000**): Plant laccases: are they involved in lignification?. p397-410. in: Cell & Molecular Biology of Wood Formation. **32**. ed Savidge, R. BIOS Ltd. Oxford.

**Reinhammar, B. & Malström, B.G.** (**1981**): Blue copper-containing oxidases. Copper Proteins - Metal Ions in Biology. John Wiley and Sons. p109-149. New York.

**Ringena, O.,** Lebioda S., Lehnen, R., Saake, B (**2006**): Size-exclusion chromatography of technical lignins in dimethylsulfoxide/water and dimethylacetamide. J. of Chromatogr. A. **1102**. p154-163. Hamburg.

**Römpp, H.**, Falbe, J. (**1999**): Lexikon der Chemie. Thieme. **10**. 9. Aufl. Stuttgart.

**Rovio, S.,** Kalliola, S., Tamminen, T. (**2010**): Advanced methods to interpret lignin 31P NMR spectra. Presentation Hamburg. VTT Technical Research Centre of Finland. Espoo.

**Saake, B.,** Kruse, T., Puls, J. (**2001**): Investigation on molar mass, solubility and enzymatic fragmentation of xylans by multi-detected SEC chromatography. Biores. Technol. Oxford 80. **3**. p195-204.

**Servili, M.**, De Stefano, G., Piacquadio, P., Sciancalepore, V. (**2000**): A novel method for removing phenols from grape must.. Am. Journal of *Enol Viticul.* **51**. p357-361. Campobasso.

**Schild, G.** (**1994**): Vergleich von Verfahren zur Herstellung von Chemiezellstoffen aus Buchen- und Eukalyptusholz. Diss. 226S. Hamburg.

**Sidijansky, S.,** Mathews, G.V. und Vanderberg, J.P. (**1997**): Electrophoretic separation and identification of phenoloxidases in hemolymph and midgut of adult *Anopheles stephensi* mosquitoes. J. Parasitol. **83**. p686-691.

**Thurston, C.F. (1994)**: The structure and function of fungal laccases. J. of Microbiology. **140**. p19-26. London.

**Uchida, H.,** Fukuda, T., Miyamoto, H., Kawabata, H. Suzuki, M., Uwajima, T. (**2001**): Polymerization of Bisphenol A by Purified Laccase from *Trametes villosa.* Biochemical and Biophysical Research Communications. **287**. p355–358.

**Yoshida, H. (1883)**: Chemistry of lacquer (Urishi) Part I. J. Chem. Soc **43**. p472-486.

# Anhang

**Abb. 22:** Ausgangssubstrat Probe 137 nach Fällung und Trocknung

**Abb. 23:** Probe 12 (15h ABTS-LMS) nach Fällung und Trocknung

**Tab. 11:** Polydispersität (PDI), Zahlenmittel (Mn), Massenmittel (Mw) und deren Veränderung (Δ) bezogen auf den Blindwert, nach GPC gemessen mit UV und RI

| | **UV-Detektor** | | | | **RI-Detektor** | | | |
|---|---|---|---|---|---|---|---|---|
| **n°** | $M_W$ ($g*mol^{-1}$) | Δ (%) | $M_n$ ($g*mol^{-1}$) | PDI (-) | $M_W$ ($g*mol^{-1}$) | Δ (%) | $M_n$ ($g*mol^{-1}$) | PDI (-) |
| **1** | 2720 | 17 | 1180 | 2,3 | 2450 | 12 | 1070 | 2,3 |
| **2** | 2720 | 17 | 1180 | 2,3 | 2470 | 13 | 1030 | 2,4 |
| **3** | 2720 | 17 | 1240 | 2,2 | 2470 | 13 | 1120 | 2,2 |
| **4** | 2890 | 25 | 126 | 2,3 | 2550 | 16 | 1110 | 2,3 |
| **5** | 2890 | 25 | 1260 | 2,3 | 2580 | 18 | 1120 | 2,3 |
| **6** | 2690 | 16 | 1170 | 2,3 | 2440 | 11 | 1060 | 2,3 |
| **7** | 2440 | 10 | 1110 | 2,2 | 2220 | 6 | 1010 | 2,2 |
| **8** | 2360 | 7 | 1070 | 2,2 | 2150 | 3 | 980 | 2,2 |
| **9** | 2730 | 24 | 1240 | 2,2 | 2490 | 19 | 1130 | 2,2 |
| **10** | 2490 | 7 | 1290 | 2,1 | 2280 | 4 | 1090 | 2,1 |
| **11** | 2370 | 7 | 1030 | 2,3 | 2160 | 3 | 940 | 2,3 |
| **12** | 3790 | 22 | 1460 | 2,6 | 3210 | 6 | 1230 | 2,6 |
| **13** | 2320 | 0 | 1010 | 2,3 | 2190 | 0 | 950 | 2,3 |
| **14** | 2210 | 0 | 960 | 2,3 | 2090 | 0 | 910 | 2,3 |
| **15** | 3110 | 0 | 1150 | 2,7 | 3020 | 0 | 1120 | 2,7 |

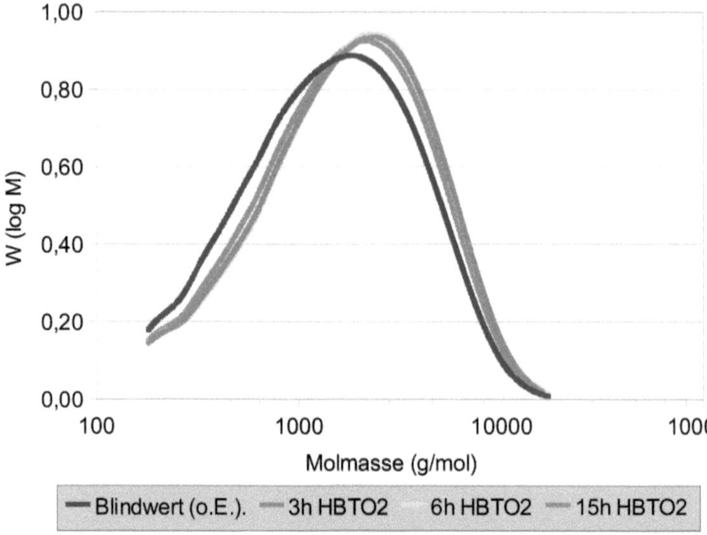


**Abb. 24:** Molmassenverteilung der Proben nach 3h, 6h und 15h Behandlung mit HBT-LMS und erhöhter Sauerstoffzufuhr; Blindwert (15h o.E.); gemessen mit RI

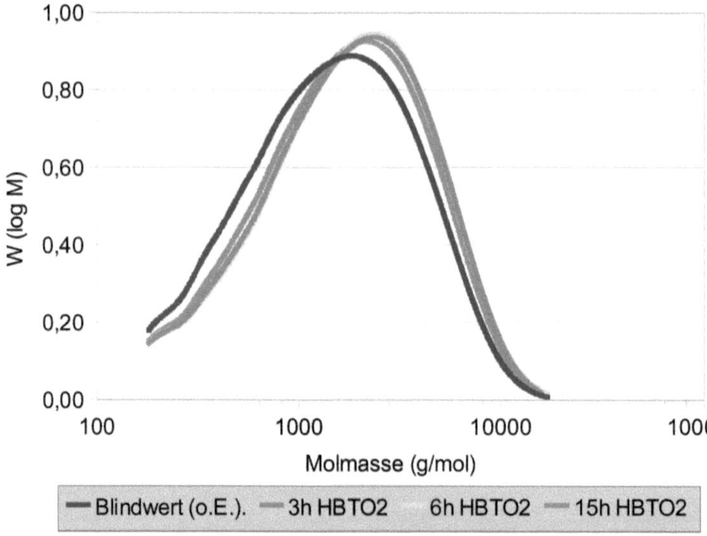


**Abb. 25:** Molmassenverteilung der Proben nach 3h, 6h und 15h Behandlung mit HBT-LMS und erhöhter Sauerstoffzufuhr; Blindwert (15h o.E.); gemessen mit RI

**Tab. 12:** Gesamtzuckeranteile, KH-Monomere und Gehalt an säureunlöslichem Lignin nach zweistufiger Hydrolyse, [%] bez. auf atro Probe

| n° | Hydrolyse - rückst. | Σ Zucker | Xylose | Glucose | Mannose | Galactose | Arabinose | Ramnose | 4-O-Me |
|---|---|---|---|---|---|---|---|---|---|
| 1 | 92,7 | 0,78 | 0,40 | 0,03 | 0,10 | 0,05 | 0,10 | 0,02 | 0,09 |
| 2 | 89,6 | 1,72 | 1,08 | 0,10 | 0,19 | 0,09 | 0,13 | 0,04 | 0,11 |
| 3 | 91,2 | 1,18 | 0,72 | 0,05 | 0,15 | 0,05 | 0,09 | 0,03 | 0,10 |
| 4 | 90,7 | 1,55 | 0,97 | 0,08 | 0,14 | 0,09 | 0,11 | 0,04 | 0,12 |
| 5 | 91,6 | 1,08 | 0,61 | 0,05 | 0,12 | 0,08 | 0,10 | 0,03 | 0,11 |
| 6 | 91,3 | 1,18 | 0,67 | 0,05 | 0,19 | 0,06 | 0,10 | 0,03 | 0,10 |
| 7 | 89,7 | 1,51 | 0,93 | 0,07 | 0,18 | 0,09 | 0,11 | 0,04 | 0,10 |
| 8 | 89,6 | 1,84 | 1,22 | 0,10 | 0,18 | 0,08 | 0,11 | 0,05 | 0,11 |
| 9 | 88,9 | 2,37 | 1,58 | 0,17 | 0,22 | 0,09 | 0,14 | 0,06 | 0,12 |
| 10 | 94,9 | 0,80 | 0,41 | 0,04 | 0,09 | 0,05 | 0,10 | 0,02 | 0,10 |
| 11 | 89,5 | 1,28 | 0,77 | 0,05 | 0,16 | 0,07 | 0,11 | 0,03 | 0,10 |
| 12 | 91,8 | 0,89 | 0,40 | 0,04 | 0,18 | 0,06 | 0,11 | 0,02 | 0,08 |
| 13 | 91,6 | 0,76 | 0,44 | 0,04 | 0,04 | 0,04 | 0,10 | 0,02 | 0,09 |
| 14 | 93,3 | 0,72 | 0,39 | 0,04 | 0,04 | 0,05 | 0,10 | 0,02 | 0,10 |
| 15 | 92,9 | 0,99 | 0,61 | 0,05 | 0,06 | 0,06 | 0,11 | 0,03 | 0,09 |

**Tab. 13:** Gehalt an OH-Funktionen in mmol/g (atro Lignin)

| n° | **Aliphatisch** | Kondensiert-phenolisch | Syringyl | Guiacyl | *p*-Hydroxyl | **Summe aromat.** | -COOH |
|---|---|---|---|---|---|---|---|
| 1 | 2,27 | 0,48 | 2,30 | 1,05 | 0,10 | 3,93 | 0,09 |
| 2 | 2,51 | 0,46 | 2,14 | 0,94 | 0,04 | 3,58 | 0,09 |
| 3 | 2,29 | 0,49 | 2,16 | 0,98 | 0,06 | 3,69 | 0,10 |
| 4 | 2,48 | 0,47 | 2,06 | 0,94 | 0,06 | 3,53 | 0,10 |
| 5 | 2,17 | 0,48 | 1,94 | 0,91 | 0,05 | 3,37 | 0,08 |
| 6 | 2,35 | 0,47 | 2,02 | 0,92 | 0,05 | 3,45 | 0,12 |
| 7 | 2,52 | 0,50 | 2,28 | 1,01 | 0,07 | 3,86 | 0,10 |
| 8 | 2,45 | 0,45 | 2,14 | 0,93 | 0,05 | 3,58 | 0,09 |
| 9 | 2,70 | 0,46 | 2,13 | 0,95 | 0,06 | 3,59 | 0,09 |
| 10 | 2,25 | 0,49 | 2,21 | 0,98 | 0,06 | 3,75 | 0,11 |
| 11 | 2,31 | 0,47 | 2,21 | 0,93 | 0,05 | 3,66 | 0,11 |
| 12 | 2,22 | 0,43 | 2,03 | 0,90 | 0,06 | 3,42 | 0,12 |
| 13 | 2,16 | 0,52 | 2,17 | 0,96 | 0,05 | 3,70 | 0,11 |
| 14 | 2,34 | 0,52 | 2,48 | 1,06 | 0,09 | 4,15 | 0,11 |
| 15 | 2,45 | 0,43 | 2,27 | 0,96 | 0,06 | 3,71 | 0,12 |

**Tab. 14:** Flächenintegrale der $^{31}$P-NMR, dreifache Bestimmung als Berechnungsgrundlage der Konzentration der Hydroxylgruppen

| n° | Aliphatic | Condensed Phenolic (1) | Condensed Phenolic (2) | Syringyl | Guiacyl | P-Hydroxyl | -COOH |
|---|---|---|---|---|---|---|---|
| 1 | 9,28 | 0,92 | 0,97 | 9,75 | 4,42 | 0,44 | 0,36 |
| 2 | 10,34 | 1,12 | 0,88 | 8,73 | 3,91 | 0,20 | 0,38 |
| 3 | 9,48 | 1,24 | 0,95 | 8,78 | 4,06 | 0,25 | 0,43 |
| 4 | 9,99 | 0,81 | 1,10 | 8,30 | 3,76 | 0,26 | 0,40 |
| 5 | 8,85 | 0,97 | 0,98 | 7,87 | 3,66 | 0,17 | 0,32 |
| 6 | 9,51 | 1,02 | 0,93 | 8,17 | 3,70 | 0,18 | 0,48 |
| 7 | 10,23 | 0,96 | 1,08 | 9,20 | 4,07 | 0,28 | 0,35 |
| 8 | 10,21 | 0,99 | 0,86 | 8,84 | 3,84 | 0,20 | 0,39 |
| 9 | 11,26 | 1,26 | 0,80 | 8,64 | 3,92 | 0,24 | 0,38 |
| 10 | 9,39 | 0,91 | 1,08 | 9,23 | 4,05 | 0,25 | 0,48 |
| 11 | 9,48 | 0,93 | 1,01 | 9,20 | 3,88 | 0,23 | 0,46 |
| 12 | 9,15 | 0,84 | 0,91 | 8,30 | 3,64 | 0,26 | 0,45 |
| 13 | 8,69 | 1,12 | 0,98 | 8,83 | 3,94 | 0,20 | 0,43 |
| 14 | 9,63 | 0,95 | 1,17 | 10,18 | 4,36 | 0,35 | 0,46 |
| 15 | 10,06 | 0,83 | 0,83 | 9,47 | 3,95 | 0,25 | 0,49 |
| | | | | | | | |
| 1 | 9,36 | 0,90 | 1,01 | 9,42 | 4,27 | 0,40 | 0,35 |
| 2 | 10,25 | 0,93 | 0,87 | 8,78 | 3,84 | 0,17 | 0,38 |
| 3 | 9,42 | 1,24 | 0,90 | 8,76 | 4,02 | 0,24 | 0,43 |
| 4 | 10,41 | 0,82 | 1,13 | 8,72 | 3,99 | 0,25 | 0,45 |
| 5 | 9,09 | 0,98 | 1,00 | 8,13 | 3,80 | 0,20 | 0,35 |
| 6 | 9,57 | 1,02 | 0,93 | 8,15 | 3,69 | 0,18 | 0,48 |
| 7 | 10,66 | 1,06 | 1,07 | 9,62 | 4,27 | 0,27 | 0,39 |
| 8 | 10,02 | 1,01 | 0,86 | 8,75 | 3,81 | 0,21 | 0,37 |
| 9 | 11,13 | 0,89 | 0,92 | 8,91 | 3,92 | 0,24 | 0,38 |
| 10 | 9,24 | 0,93 | 1,08 | 8,97 | 4,02 | 0,26 | 0,46 |
| 11 | 9,48 | 0,93 | 1,00 | 9,07 | 3,82 | 0,21 | 0,49 |
| 12 | 9,10 | 0,83 | 0,92 | 8,41 | 3,73 | 0,27 | 0,46 |
| 13 | 8,91 | 1,14 | 1,00 | 8,94 | 3,94 | 0,20 | 0,43 |
| 14 | 9,76 | 0,97 | 1,18 | 10,28 | 4,39 | 0,35 | 0,46 |
| 15 | 10,03 | 0,84 | 0,98 | 9,27 | 3,92 | 0,24 | 0,48 |
| | | | | | | | |
| 1 | 9,33 | 1,17 | 0,99 | 9,20 | 4,31 | 0,35 | 0,41 |
| 2 | 10,36 | 0,95 | 0,88 | 8,87 | 3,88 | 0,17 | 0,38 |
| 3 | 9,36 | 0,88 | 0,89 | 9,04 | 3,99 | 0,24 | 0,43 |
| 4 | 10,13 | 0,79 | 1,09 | 8,38 | 3,85 | 0,26 | 0,42 |
| 5 | 8,80 | 0,97 | 0,98 | 7,93 | 3,71 | 0,21 | 0,35 |
| 6 | 9,88 | 1,00 | 0,95 | 8,57 | 3,92 | 0,20 | 0,47 |
| 7 | 10,21 | 0,97 | 1,08 | 9,32 | 4,13 | 0,28 | 0,45 |
| 8 | 10,00 | 1,02 | 0,87 | 8,82 | 3,85 | 0,21 | 0,38 |
| 9 | 10,89 | 0,88 | 0,88 | 8,72 | 3,87 | 0,24 | 0,37 |
| 10 | 9,07 | 0,92 | 1,09 | 9,11 | 4,06 | 0,26 | 0,46 |
| 11 | 9,50 | 1,13 | 0,85 | 9,03 | 3,77 | 0,12 | 0,46 |
| 12 | 9,16 | 0,84 | 0,92 | 8,36 | 3,69 | 0,26 | 0,52 |
| 13 | 9,00 | 1,15 | 1,02 | 9,00 | 4,01 | 0,21 | 0,44 |
| 14 | 9,50 | 0,96 | 1,17 | 10,18 | 4,35 | 0,35 | 0,46 |
| 15 | 10,07 | 0,83 | 0,98 | 9,23 | 3,91 | 0,24 | 0,54 |